制冷空调与供暖
科普读物

上海市制冷学会 **组织编写**

周　翔　包建强　顾建中　**主　编**

范存养　卢士勋　陈国平　**审　校**

U0249194

中国建筑工业出版社

图书在版编目（CIP）数据

制冷空调与供暖科普读物／上海市制冷学会组织编写．周翔，包建强，顾建中主编．—北京：中国建筑工业出版社，2014.5

ISBN 978-7-112-16428-8

Ⅰ.①制… Ⅱ.①上… ②周… ③包… ④顾… Ⅲ.①制冷装置－空气调节器－普及读物 ②采暖设备－普及读物

Ⅳ.①TB657.2-49②TU832.2-49

中国版本图书馆CIP数据核字（2014）第030600号

　　本书由上海市制冷学会组织行业内的专家编写。书中用通俗易懂的语言，向普通百姓详细介绍了怎样选择空调、供暖设备，怎样使用这些设备更节能。此外，对冷冻医疗、冷冻食品等与百姓生活息息相关的专业知识，也做了通俗易懂的说明。书中的最后介绍了家用热水器、电视、电磁炉、电脑、手机、微波炉的正确使用方法。

　　本书可供空调、供暖技术爱好者，以及使用、选购空调、供暖和家用电器的大众阅读。

责任编辑：张文胜　姚荣华
装帧设计：锋尚设计
责任校对：李美娜　党　蕾

制冷空调与供暖科普读物

上海市制冷学会　组织编写
周　翔　包建强　顾建中　主编
范存养　卢士勋　陈国平　审校

＊

中国建筑工业出版社出版、发行（北京西郊百万庄）
各地新华书店、建筑书店经销
北京锋尚制版有限公司制版
北京云浩印刷有限责任公司印刷

＊

开本：850×1168毫米　1/32　印张：4⅛　字数：100千字
2014年7月第一版　2014年7月第一次印刷
定价：16.00元
ISBN 978 - 7 - 112 - 16428 - 8
（25142）

版权所有　翻印必究
如有印装质量问题，可寄本社退换
（邮政编码100037）

编辑工作委员会

主 任

丁国良

副主任

张 旭	王如竹	龙惟定	刘宝林
张 华	李永铭	周 翔	包建强
顾建中	范存养	卢士勋	陈国平

委 员

梁 涛	吴世庆	林 云	甘永和	张 涛
徐天昊	张乐安	徐文华	谢耀华	刘传聚
华泽钊	张 瑛	周国瑜		

各章节撰稿人

龙惟定	丁国良	**第 1 章**
周 翔	张 旭	**第 2 章**
丁国良	张 华	**第 3 章**
	包建强	**第 4 章**
	刘宝林	**第 5 章**
	王如竹	**第 6 章**

前言

　　制冷空调与供暖产品是百姓生活中"知冷知热"的贴心助手，也是国家"节能减排"的重要环节。普及制冷空调与供暖知识，传播健康节能理念，可以提高大众的生活质量并指导日常合理用能，也是上海市制冷学会的一项重点工作。从2004年开始，上海市制冷学会每两年组织一次上海制冷节，并编写制冷空调与供暖科普读物来配合科普宣传活动。这些科普读物内容不断更新，颇受百姓欢迎。为了使更多的人，特别是上海以外的人，能够分享科普读物的益处，现在原来科普读物的基础上出版本书。书中将空调、供暖、冷冻冷藏、冷冻医疗、家用电器等方面的一些实用性的科普知识汇编成册，以便大众了解、掌握并在所需之时可以随手翻阅。

　　本书由上海市制冷学会组织专家编写，上海市制冷学会常务理事会和上海市制冷学会科普委员承担了具体的组织编写工作。编辑工作委员会的各个成员对于本书的出版做了大量的工作，下列同志参与了资料的整理：赵丹、包必超、刘静、王秋涧、郑晨光、郭留杰、顾文、贺宗彦、蒋刘卿、刘季华、闫俐君、秦郭骏、任悦、桑东升、王秋云、杨宝顺、杨文文、杨献宇、赵欢、张晗晗，在此一并表示感谢。

　　本书的出版还得到了珠海格力电器股份有限公司、广东奥马电器股份有限公司、霍尼韦尔（中国）有限公司、海信容声（广东）冰箱有限公司、北京恩布拉科雪花压缩机有限公司等单位的大力协助。

　　制冷空调技术在不断发展、创新，相关知识也在不断更新；

专业领域中知识的学术表达与百姓了解知识的通俗描述之间并不完全一致。本书希望在知识的实用性与新颖性，以及专业性与通俗性之间，有个合理的平衡；但限于能力，恐怕不能完全做到，甚至难免有错误之处，欢迎读者们能够提出宝贵意见。

上海市制冷学会

理事长：丁国良

秘书长：张　旭

目录

第3章 冰箱篇

目录

目录

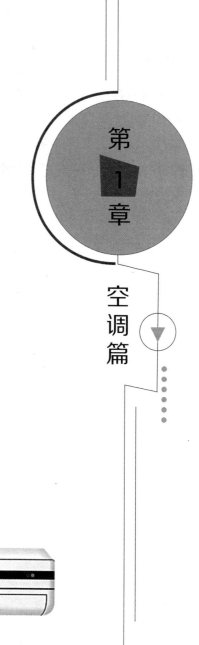

第

1

章

空调篇

1 什么是空调?

空调即空气调节（air conditioning），是指用人工手段，对建筑物内环境空气的温度、湿度、风速、洁净度等参数进行调节和控制的过程。家用空调系统通常用来调节住宅室内的温度和湿度，由室内机、室外机和制冷剂管路组成，在夏季将热量从室内搬运到室外，在冬季将热量从室外搬运到室内。目前在一些高档住宅项目中，出现了可以供应室外新风的空调设备，通过送风和排风管路引入室外新鲜空气来改善室内的空气质量。商场、办公楼等商用建筑的集中空调系统一般由冷源、热源、输配系统、末端装置等部分组成，冷源、热源通常使用制冷机和锅炉，输配系统主要包括水泵、风机和管路系统，末端装置则负责处理空气，送出冷风和热风。

首个现代化、电力推动的空气调节系统在1902年由威利斯·开利发明，目的是为印刷车间提供恒温恒湿的环境，令纸张柔韧性和油墨印刷精度更好。在空调发明后的20年，应用场合一直都是工业场合，目的是为满足生产工艺和提高工人的工作效率服务。直到1924年，底特律的一家商场首先安装了中央空调系统，此举大大成功，凉爽的环境使得人们的消费意欲大增，自此，空调成为商家吸引顾客的有力工具，空调为人们服务的时代，正式来临了。

2 家用空调的选购要点有哪些?

（1）尽量选购质量、品牌与售后服务好的产品。

（2）不要片面追求低价。按照空调的一般使用寿命，若每台空调器贵2000元，每年约增加200元成本，但高效、高质的产品省电、维修费用少、使用寿命长，可以弥补回来。价格低的产品往往采用的钢板和涂料质量差，产品新的时候看不出，但使用几年后就开始锈蚀，严重影响产品使用寿命和美观。因此，在选购空调时应当结合实际情况，从长远角度考虑。若空调连续运行时间长或在卧室内使用，建议选用变频空调，以获得节能和舒适的双重功效。

（3）注意产品的能效标识。能效标识体现了该空调的能效比等级。能效比是指单位电耗可提供的冷量或热量的比值，制冷的能效比通常小于制热的能效比，国家标准中通常以制冷能效比作为空调器的能效限定值。具体可见本章第8节"何谓能效比？能效等级如何划分？"。

3　家用空调的安装和使用要点有哪些?

（1）室外机的安装位置非常重要，有良好的通风才能降低能耗和延长使用寿命。直接安装在室外的建筑平台上是最佳的，且比较安全，有利于维修保养操作。安装在凹槽内再加百页装修效果最差。

（2）夏季室内温度设定一般在26摄氏度左右，若穿着衣服比较清凉，同时辅以电扇吹微风，则28～30摄氏度对大多数静止状态的中国人是可以接受的，这种使用模式有较大的节电效果。

（3）冬季室温低于14摄氏度时，休息状态的人会感到冷，对老年人的健康会有一定的影响，容易诱发心脑血管疾病，所以建议室温可以设定在18摄氏度左右，最好不要低于16摄氏度。

注 意

在空调刚启动时可以采用较低（夏季）或较高（冬季）
的设定温度。正常运行时室温的设定是与人的活动状态、服
装穿着、心理状态及个人健康和习惯因素有关，所以（2）
和（3）条建议的室温只是一般情况下的数据，可以根据实
际情况具体调整。

（4）夏季当空调停止使用时，由于盘管及凝水盘内还有
积水，室温下积聚在空调器内的细菌将大量繁殖，下次开机
时会产生明显的异味。为了减少异味，可以在夏季空调停机
前转换为通风运行模式或调高室内设定温度，使空调不制冷，
光吹风，使机内水分蒸发，充分干燥。目前有部分空调已具
备该功能，在停机时会自动切换到通风模式运行一段时间再
停止送风。

（5）空调冬夏季运行前后，应清洗滤网，用正规市场上
销售的空调清洁剂对空调换热器翅片部位进行清洁，擦除外
露部位的灰尘（注意不要触碰空调器的接电部位）。建议清
洁后用通风模式（如用清洁剂则用强制冷模式）运行10分钟，
然后关机。

4　合理选择家用空调

目前常见的家用空调器按室内机和室外机连接的形式可
分为分体式空调、窗式空调、多联式空调机组（俗称家用中

央空调、一拖多)等不同类型。目前使用率最高、最常见的是分体式空调(见图1-1),由室内机和室外机组成,分别安装在室内和室外,中间通过制冷剂管路和电线连接起来,把噪声比较大的压缩机、散热风扇等安放在室外机中;把电气控制电路部件和室内换热器等室内不可缺少的部分安装在室内机中,一台室内机对应一台室外机,具有噪声较小、使用灵活、经济实用的优点,缺点是建筑外墙上需要安装多个室外机,影响建筑外观,室内机无法和室内装修相结合等。窗式空调为整体式空调(见图1-2),安装在窗口上,具有结构紧凑、安装方便、制冷剂不易泄漏、可从室外引入新风的优点,但存在噪声较大、需要预留窗式空调安装墙洞等缺点,因而在住宅市场应用较少。多联式空调机组通常由一台室外机和多台室内机组成(见图1-3),中间通过制冷剂管路和电线连接,室内机具备多种形式,能够满足不同的装修风格,室外机便于集中布置,建筑外立面美观,由于机组制冷、制热容量大,整体制冷、制热效率较高,缺点是目前价格较分体式空调要高,设备发生故障后整体维修更换成本较高等,目前一般用于高档住宅项目中。

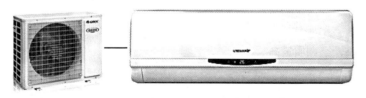

▲ 图1-1　分体式空调

▶ 图1-2　窗式空调

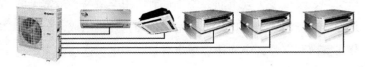

▲ 图1-3 多联式空调

5 什么叫变频空调器？它有什么优点？

常规的空调器所采用的压缩机电机转速是固定的，空调器的制冷（或制热）能力也是固定的，当空调室内外温度发生变化引起空调负荷波动时，空调器的调节性能差（仅靠开、停机调节）并且费电。

变频空调器是能够改变空调电机供电频率或电压，从而可改变电机转速的空调器。第一台变频家用空调器于1980年投放市场，目前变频空调器已成为空调器发展的主流。变频技术在空调器中的应用，被称为20世纪80年代世界制冷空调技术的重大突破之一。变频空调器主要有以下优点：

（1）满足房间舒适性的温度环境要求。由于变频空调器可以随房间冷热负荷的变化而调整压缩机转速，使空调器制冷量或制热量与房间冷热负荷达到平衡，所以房间温度波动小，空调质量高。

（2）节能，减少电力消耗。压缩机不会因频繁启停而消耗能量，而且变频压缩机在部分负荷工作时达到较高的能效比，此时，节能效果明显。带变频压缩机的空调器相对于在同等条件下运行的非变频空调器在一年中可节电20%～30%。

（3）快速达到设定温度。变频空调器刚启动时，室内温度与设定温度温差较大，压缩机进入高速运行，保持较高的制冷能力或制热能力，很快使室温达到设定温度，而后再以低速运转，保持室温稳定。

（4）启动电流小，对电网干扰小。变频空调器启动时采用低频或低压启动，启动电流小，并且启动后不再停机，故对电网干扰小，同时噪声、振动都相对较低，特别是在达到设定温度后，为维持室内温度，仅需低速运转，噪声大大降低。

（5）热泵运行时改善空调器的低温环境运行性能❶。在冬季，常规的空调器作热泵运行时，如果环境温度很低，制热效果就差，需采用辅助电热源。而变频空调器可增加转速，使制冷剂循环量增加，保证所需的供热量。

（6）自控程度高。可以使空调实现模糊控制、智能化控制。

6 变频空调为什么节能？应当如何选购？

变频空调通过改变空调器电机供电频率（或电压），来改变空调压缩机的转速，从而改变空调的制冷（制热）量，来平衡所需负荷。

那么，变频空调为什么具有节电特性呢？

（1）变频空调在低速运行时的制冷（制热）量比额定的

---

❶分体式空调器，冬季运行供暖时，可以用四通阀改变制冷机内制冷剂的流向，使冷凝器与蒸发器的作用互换，冷凝器成为吸热器，蒸发器成为放热器，实现热量从室外向室内的"搬运"，效率较电阻发热工作原理的供暖电器要高3倍左右。

制冷（制热）量小得多（最低时可至20%～30%），而蒸发器、冷凝器的换热能力是按额定的制冷（制热）量设计的，相对较大。机组换热充分，蒸发压力和冷凝压力差小，空调能效比就会提高，达到节电效果。

（2）一般的压缩机电机启动电流相当大，而变频压缩机电机启动电流小，还不会频繁地启动和停机，因此也会带来节电效果。

（3）由于压缩机低速运行时，压缩机汽缸的吸、排气充分，由汽缸余隙造成的能量损失大为减少，也会产生节电效果。

（4）在变频空调中，其他新技术、新材料的使用，如稀土材料的高效电机和低损耗的变频电源以及较高的自动化控制程序，都为变频空调的高效节能开辟了新的空间。

那么变频空调应当如何选购呢？

根据变频空调在低速运行时能效比较高的特点，选购变频空调时其制冷量要选得比一般空调略大，使变频空调在一般的气候条件下，大都处在较低转速下运行，以获得较高的能效比。

但是，对一些老年消费者而言，由于他们夏天设定的房间温度较高，空调的负荷相对较小，较大功率的变频空调也会出现停机，其节能效果就不能充分发挥，相反却丧失了温度舒适性的优点。因此，建议老年消费者选购较小功率的变频空调为宜。

目前市场上的变频空调，价格普遍较定频空调要高，以格力公司的1.5匹空调为例，定频空调如幸福岛系列价格在3000元左右，变频空调的价格如福景园、U雅、U尊等系列的价格范围在3500～8000元（数据取自2013年，价格高的空调能源效率较高）。对于空调全年使用率较高的房间和舒适度要求较高的房间，可以选用能源效率较高的变频空调，对于空调全年使用率较低的房间和人员不常停留的房间，可以选用定频或价格较低的变频空调。

7 常说的空调"匹数"的含义，如何正确选择空调匹数？

对于空调器的大小，人们常称之为是多少匹数的空调器。这里所称的"匹数"是指空调压缩机的输入功率；"匹"与"瓦"两者的关系是1匹等于735瓦，通俗地说就是一匹的空调器一小时连续运行耗0.735度电。考虑到空调器的效率，一般1匹空调器的制冷量约为2200～2500瓦，1.5匹的制冷量约为3500瓦，其他匹数空调器的大约制冷量可由此类推。

在选择空调匹数时主要看的是房间大小，可以按照表1-1来选择空调的匹数。另外，还要注意外墙（外窗）朝向问题，房间如果有西晒、位于顶层或层高大于3米等，可以适当增加空调的匹数。

房间面积与空调匹数的关系　　表 1-1

空调的匹数	房间面积（平方米）
1	10~18
1.5	18~25
2	25~35
3	35~50

（1）能效比、能效等级

所谓"能效比"，即"*EER*"，其含义是空调的额定制冷量（瓦）除以额定输入功率（瓦），其单位是：瓦/瓦。"能效比*EER*"值越大，空调的效率越高。

例如，某空调的制冷量是3200瓦，输入功率是1000瓦，则其制冷能效比是：3200/1000=3.2。

国家标准《房间空气调节器能效限定值及能源效率等级》GB12021.3—2010和《转速可控型房间空气调节器能效限定值及能源效率等级》GB21455—2008分别对定频空调和变频空调中不同类型、不同制冷量的空调器，规定了不同的能效限定值和等级指标。

对于定频空调，根据产品的实测能效比，查表1-2，判定其能效等级。

能效等级对应的能效比 *EER* 指标　　　表 1-2

类型	额定制冷量 *CC*（瓦）	能效等级		
		1	2	3
整体式	—	3.30	3.10	2.90
分体式	$CC \leq 4500$	3.60	3.40	3.20
	$4500 < CC \leq 7100$	3.50	3.30	3.10
	$7100 < CC \leq 14000$	3.40	3.20	3.00

表1-2中，能效等级3级是空调的能效限定值，即能效比

小于此值的空调不能上市销售。能效等级2级为空调器的节能评价值，即能效比大于或等于此值的空调为节能空调。

对于变频空调，由于变频空调在不同的负载条件（如不同的气温条件）下，压缩机的转速和空调的制冷量不同，难以用某个特定工况下的额定能效比来评价，因此引入了"季节能效比"的概念。"季节能效比"的定义是：在制冷季节期间，空调器进行制冷运行时，从室内移走的热量总和与消耗电量总和之比，用"$SEER$"表示。"$SEER$"越大，空调的电能利用率越高。

《转速可控型房间空气调节器能效限定值及能源效率等级》GB21455—2008中有关能效等级指标的规定见表1-3：

能效等级对应的季节能效比 $SEER$ 指标　　　　　表 1-3

类型	额定制冷量 CC（瓦）	能效等级				
		5	4	3	2	1
		季节能效比（$SEER$）				
分体式	$CC \leqslant 4500$	3.00	3.40	3.90	4.50	5.20
	$4500 < CC \leqslant 7100$	2.90	3.20	3.60	4.10	4.70
	$7100 < CC \leqslant 14000$	2.80	3.00	3.30	3.70	4.20

其中能效等级5级是变频空调的能效限定值，即能效比小于此值的变频空调不能上市销售。能效等级2级是变频空调的节能评价值，即能效比大于或等于此值的变频空调为节能空调。

（2）能效标识

能效标识的内容包括：制造商名称、型号信息、能效等级、本产品所处的能效分级以及能耗信息。图1-4所示两台空调器能效等级均为2级。

 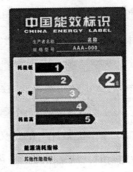

定频空调选用国家3级能效标识（左）
变频空调选用国家5级能效标识（右）

▲ 图1-4　空调器能效等级

9　如何使空调更节能？

（1）营造有利于节能的环境

1）空调室外机尽量安装在不受阳光直射的地点，宜加装遮篷，避免日晒雨淋，以减损机器寿命。

2）分体式空调连接室内机和室外机的空调配管尽可能短且减少弯曲，制冷效果好且节电。

3）室内机、室外机的进风口、出风口前如有障碍物时，会降低空调效率，应予移除。

4）对一些房间的门窗结构较差、缝隙较大的，可做一些应急性改善：如用胶水纸带封住窗缝、在玻璃窗外贴一层透明的塑料薄膜、采用遮阳窗帘、室内墙壁贴木制板或塑料板、在墙外涂刷白色涂料等，以减少通过外墙和窗户带来的冷气损耗。

5）空调时应确保门窗关闭，空调房间不要频频开门，以减少热空气渗入。同时，对于有换气功能的空调，在室内无异味的情况下，可以不开新风门换气，这样可以节省因处理新风消耗的能量。

6）应避免空调房间使用电炉、燃气炉等发热器具。

（2）合理选择使用空调

1）选择制冷功率适中的空调。空调选大或选小都会更耗电，空调容量（匹）与空调房间面积（平方米）的关系见本章第7节。一台制冷功率不足的空调，不仅不能提供足够的制冷效果，而且由于长时间不间断地运转，还会缩短空调的使用寿命，增加空调故障的可能性。如果空调的制冷功率过大，就会使空调过于频繁地开关机，从而导致对空调压缩机的磨损加大和空调耗电量的增加。

2）定期清洗滤尘网。灰尘等污染物堵住通风口，会使制冷效率降低。空气滤网建议冬、夏季各清洗一至两次（见图1-5），清洗、吹干后装上，这样空调的送风通畅，可以降低能耗，对人的健康有利，也可明显节省电力。

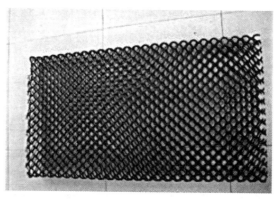

▲ 图1-5　空调隔尘网

3）使用合理的设定温度。夏天制冷时，推荐设定温度为26～30摄氏度，可以配合风扇使用；冬天制热时，推荐设定温度为16～20摄氏度，在此温度范围内，人体感觉较为舒适，并有利于节能。

4）提前关空调。外出前30分钟关闭空调，室温不会有太大变化。长时间不用空调时，应养成随手关掉电源的习惯，因为待机状态也会耗电。

5）使用空调的"睡眠"功能。人在睡眠时，代谢量减少30%～50%，对温度变化不敏感。将空调设于"睡眠"档，当人们入睡后的一段时间内，空调会自动调高室内温度，因此使用这个功能可以达到节电效果。

10　室内空气品质指标

良好的室内空气环境不仅包括空气温湿度满足人的热舒适要求，还包括室内空气品质满足人的健康要求。

室内空气品质的评价有主观和客观两种评价。良好的空气品质是指空气中的污染物均低于规定指标，并使身处其中的绝大多数人表示满意。根据国家现行的有关室内空气品质卫生标准的要求，对于舒适性空调，室内空气中的污染物浓度应满足表1-4的要求。

室内空气污染物的允许浓度　　　　表1-4

污染物名称	单位	允许浓度	备注
二氧化硫（SO_2）	毫克／立方米	0.50	小时平均
二氧化氮（NO_2）	毫克／立方米	0.24	小时平均

污染物名称	单位	允许浓度	备注
一氧化碳（CO）	毫克 / 立方米	10	小时平均
二氧化碳（CO_2）	%	0.10	日平均
氨（NH_3）	毫克 / 立方米	0.20	小时平均
臭氧（O_3）	毫克 / 立方米	0.16	小时平均
甲醛（HCHO）	毫克 / 立方米	0.10	小时平均
苯（C_6H_6）	毫克 / 立方米	0.11	小时平均
可吸入颗粒物（PM_{10}）	毫克 / 立方米	0.15	日平均
总挥发性有机物 TVOC	毫克 / 立方米	0.60	8 小时平均
细　菌	菌落数 / 立方米	2500	—

11　如何改善室内空气品质

（1）保持空调设备及其通风系统的清洁和干燥，定期做好清洁和保养工作。

（2）保持空调凝水盘和凝水管系统的通畅和清洁，并保持良好清洁的"水封"。

（3）保持适当的房间通风量，以保证空气新鲜。

（4）保持室内正压，避免污染物和有害气体进入室内。

（5）使用带过滤、吸附功能的空气净化器，提高室内空气品质。

（6）隔离吸烟、烹饪等产生有害气体的区域。

12 何谓PM₂.₅？有何危害？如何防范？

PM$_{2.5}$是指大气中直径小于或等于2.5微米的颗粒物，也称可入肺颗粒物。虽然PM$_{2.5}$在大气中含量很小，但其富含大量有毒、有害物质，在大气中停留时间长、传播距离远，对空气质量和能见度等有重要的影响。而且人体呼吸系统对于PM$_{2.5}$没有过滤、阻拦能力。粒径在10微米以上的颗粒物，会被挡在人的鼻子外面；粒径在2.5微米至10微米之间的颗粒物，能够进入上呼吸道，但部分可通过痰液等排出体外，对人体健康危害相对较小；而粒径在2.5微米以下的细颗粒物，被吸入人体后会进入支气管和肺泡，干扰肺部的气体交换，引发包括哮喘、支气管炎和心血管病等方面的疾病，还可以通过支气管和肺泡进入血液，其中的有害气体、重金属等溶解在血液中，对人体健康的伤害更大。

空气中的PM$_{2.5}$主要来自于化石燃料的燃烧（如机动车尾气、燃煤）以及挥发性有机物（VOC）等。我国目前在《环境空气质量标准》GB3095–2012中，对PM$_{2.5}$提出限值要求，居住区、商业区限值为24小时均值不高于75微克每立方米（μg/m^3），该标准自2016年1月1日起在全国实施。

PM$_{2.5}$防范的方法有：当空气质量预报达到中度和重度污染时，老年人和低龄儿童最好不要外出，在室内尽量不要开窗通风，室内吸烟区和烹饪区要和人员长期活动区隔离，此外还可以通过使用带过滤功能的空气净化器对室内空气进行净化；在户外活动时，佩戴满足国家标准的KN90级别以上的专业防尘口罩进行防护。

空调室内机的污染与室内环境和健康直接相关，家用空调的清洗与维护需要给予足够的重视。空调的清洗和消毒，主要是定期清洗和消毒室内机翅片滤尘网。那么，究竟如何操作才能达到最佳效果呢？

清洗空调前要先开启空调15分钟，以便空调开始制冷，同时使空调蒸发器（室内机换热器）产生冷凝水。关闭空调机，并切断电源，以保证清洗操作的绝对安全。用手按住空调进风口两侧凹进去的部位，打开空调的外壳，取下滤尘网，拆卸时注意别碰到室内机的金属翅片，防止被其刮伤。过滤网可用水漂洗或软刷蘸中性洗涤剂清洗，但清洗时水温不得超过50摄氏度，不能用汽油、香蕉水等，以免滤尘网变形，用清水冲洗干净后，用软布擦干或放阴凉处吹干，千万不要在阳光下暴晒或在火炉等明火处烘干，以免滤尘网变形。蒸发器翅片需用空调专用清洁剂进行清洗，将清洁泡沫从左到右来回均匀喷射至蒸发器的翅片表面，保证清洁泡沫完全将蒸发器表面覆盖。重新安装滤尘网，并盖上空调机外壳10至20分钟后，开启空调，并把风量及制冷量调到最大，保持开启空调30分钟，让污水从排水管排出（见图1-6）。为避免出风口吹出一些泡沫及脏物，可用一块毛巾盖住出风口。

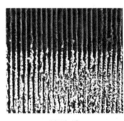

◀ 图 1-6　翅片清洗前后效果对比

清洗前　　　　　　清洗后

居民应该养成定期清洗空调的习惯，这样既对家人的健康有益，也有利于延长空调的使用寿命。

14 家用空调的维护和保养

无论是房间空调器还是家用中央空调，基本上都由室内机、室外机组成。在日常运行时要定期对空调器进行维护保养，每年冬、夏季在停止使用后和开始使用前也要进行维护保养。每次维护保养前一定要切断电源确保安全。具体的维护保养要求如下：

（1）室内机组的维护保养

1）定期（冬夏季各清洗一至两次）清洗空调的进风过滤网。可用清水中加少量洗洁剂清洗，然后再用清水冲洗一下、晾干后装上。

2）定期清洗室内机蒸发器（盘管）翅片上的结灰，如果正确使用过滤网，盘管上不会结灰太多，易于清除。可以按照本章13节中家用空调的清洗的方法清洗。

3）经常检查凝结水排水管是否畅通，如果堵塞，应及时清除堵塞物，以使凝结水排水畅通，否则会溢出集水盘。

4）保护好室内机蒸发器上的翅片，不可有倒片，若有倒片应矫正。

（2）室外机组的维护保养

1）保护好冷凝器翅片，不可有倒片，若有倒片应予以矫正。

2）定期清除冷凝器翅片间结灰，确保通风流畅，结灰严重时可采用清洗剂清洗。

3）定期对室外机组外部做清扫工作，清除外壳表面结灰，使其经常保持清洁状态。

15 家用空调常见故障及报修

家用空调在使用过程中可能会因为各种各样的原因而发生故障。发生故障时，建议用户及时向专业维修人员进行报修。本节列举了家用空调的一些常见故障，以便大家自主分析、解决一些简单的故障问题或者在报修时更准确地向维修人员描述故障。

（1）整机不工作。造成整机不工作的原因较多，从外部的供电电源、遥控器、接收头等故障到内部的机内电源、CPU以及各类电路故障都有可能。

非专业用户在遇到此类情况时，应首先检查空调的供电电源、遥控器是否正常。若二者都无故障，则将实际情况向专业维修人员报修。

（2）不制冷故障。导致这类故障的原因有很多，包括室内机风机故障、过滤网或热交换器积灰过多、室外机风机故障、热交换器积灰过多、制冷系统故障、压缩机故障等。

其中用户可以自主进行排查解决的是室内机积灰问题。当遇到此类故障时，用户可查看室内机风口风量，若风量较小，可以打开室内机盖板，检查过滤网和热交换器积灰情况。积灰较多时，可将过滤网拆卸冲洗或请专业人员上门清洗。若风量正常，则需求助于专业维修人员。

（3）压缩机不正常工作。压缩机是空调器制冷系统最重要的部件，由于压缩机不同于冷凝器、蒸发器之类的非运动部件，它在系统工作时要高速运转，又是一种机电一体化的高精度装置，所以在实际使用中经常会发生故障。

这类故障问题超出了用户可以自行处理的范围。从专业上说，压缩机故障一般有以下几种：绕组短路、断路和绕组碰机壳接地；压缩机抱轴、卡缸；压缩机吸、排气阀关闭不严；压缩机振动噪声过大；热保护器损坏。有些故障问题可以通过维修来解决，而有些则需要更换压缩机才可以。

（4）空调正常运转，制冷量不足。空调器运转，但制冷（热）量不足即效果不好，不一定就是缺制冷剂，俗称"缺氟"。造成空调制冷（热）效果不好的原因很多，缺氟只是其中之一。

除了缺氟，还有一些系统外部的原因也会导致制冷效果差。如电压是否正常、空调器有无气流短路、冷凝器是否被堵塞、空气过滤器是否积灰太厚、温控器调节是否正确、室外风机是否运转、室内感温探头是否移位、室内外机距离和高度是否合适等。

16 制冷剂常识

对空调、电冰箱等家用电器，制冷剂是实现其功能必不可少的组成部分。例如空调器，制冷时，制冷剂通过自身状态的转变将室内的热量带到室外，从而降低室内的温度；反之，当制热时，将室外的热量带到室内，以提高室内温度。

制冷剂按其来源，可分为两大类：天然的和人工合成的。碳氢制冷剂是天然制冷剂的代表，如电冰箱中广泛采用的异丁烷（在冰箱的标签上制冷剂一栏可见"R600a"字样，其他制冷空调设备的标签栏上也可见所使用的制冷剂类型编号）。出于安全的考虑，目前这类制冷剂只用在小型的制冷设备中。对人工合成制冷剂，最知名的是"氟利昂"，如目前在我国家用空调中广泛采用的R22和R410A等。

由于人工合成制冷剂一旦泄漏到大气中会造成臭氧层破坏和温室效应两大环境影响，因此联合国主持签订实施了两个国际公约：《蒙特利尔议定书》和《京都协议》。按照这两个协议，制冷剂经历了"共同但有区别"的三代更替。以我国为例：第一代制冷剂已于2007年完成淘汰；第二代制冷剂（如R22）将在2030年前逐步完成淘汰；第三代制冷剂正在使用（如家用空调的R410A，轿车空调用的R134a）。欧美等发达国家正在建议第三代制冷剂的淘汰计划，因此有关公司（如霍尼韦尔等）正在研发第四代制冷剂，如R1234yf（率先在轿车空调上采用）和R1234ze，二者对气候的直接影响不到上一代制冷剂的1%。在此基础上，霍尼韦尔公司正在开发用于家用空调、超市冷柜等使用的混合制冷剂。新一代制冷剂力求以低温室效应的创新产品来实现进一步性能优化。因此越早引入新一代制冷剂，未来对气候的影响将越小。

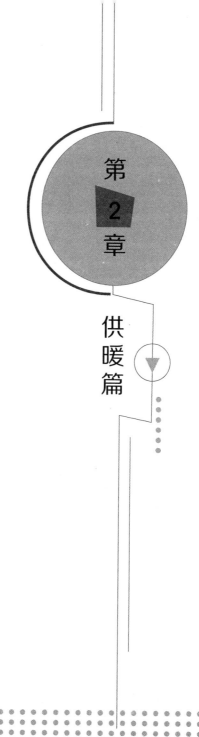

第
2
章

供
暖
篇

供暖，即通过对建筑物及防寒取暖装置的设计，向室内空间提供热量，使建筑物内维持适当的温度，从而让居住的人感觉舒适。

人类的供暖形式经历一段漫长的发展，最早的形式便是"钻木取火"；公元前1300年，土耳其王族的宫殿中就有了地板辐射供暖的雏形；公元前80年，这种供暖形式被用于著名的古罗马浴室中的"火地"和我国明朝末年专为皇室所用的地热；我国北方的火炕和日本、韩国居民所用的地炕也都是利用了燃烧烟气加热地板进行辐射供暖的例子。

19世纪40年代，西方国家迎来了工业革命。工业革命使人类的供暖发展进入了一个新的阶段——"水暖时代"，这个时期的人们创造出了第一代金属散热器，并且发展出了以锅炉产生热水、热水循环加热金属散热器、金属散热器外壳在室内加热空气这一新型供暖形式。

20世纪50年代，人类又研发出一种以烘烤方式加热的"油汀"。金属散热器内部的介质由水变成了油，热源方式则以电代替了煤，这样的产品使用更为便捷。20世纪90年代开始普及的分体式空调器，冬季运行供暖模式时称之为"热泵"，可以实现热量从室外向室内的"搬运"，能源利用效率高于电阻发热原理的"油汀"，在非严寒地区使用能够以1个单位的电能产生约3个单位的热能，为供暖方式的发展和应用创造了新的空间。

21世纪，随着科技时代的到来、人类文明的传承、思路的开拓创新、发展速度的加快，供暖形式更加多样化，在注重供暖效果的同时更加注重高效和节能。

2 我国的集中供暖地区和非集中供暖地区

我国习惯上在累年日平均温度小于或等于5摄氏度的天数在90天以上的城镇采用集中供暖，主要包括东北、华北、西北地区，以秦岭—淮河一线作为分界线，分界线以南地区不采用集中供暖。由于北方冬季寒冷，供暖是中国北方地区城镇居民的基本生活要求，大多以热电厂或燃煤、燃气锅炉为热源，通过城市集中供热管网进行输配，以用户家中散热器、地暖等末端进行散热的方式，将住户室内房间的空气温度加热至18摄氏度以上。南方地区居民自行选择供暖方式和运行模式，也称为"自由运行"供暖模式，主要使用分体式空调、电暖器、电暖风、电炉、壁挂式燃气炉供暖，由于近年来人们对生活质量要求的不断提高，许多南方城市也开始出现小区、单元规模的小型集中供暖系统。

北方地区采用集中供暖并非免费，通常由政府负担锅炉房、供热管网的市政建设费用，由居民承担运行费用，一个供暖季每平方米收费约20～30元，每户居民每年支出在2000～4000元，部分单位会以福利方式对这部分费用进行一定的补贴。在南方地区，居民自行安装分户式的壁挂式燃气炉结合地板供暖的方式，按北方供暖标准室内温度控制在18摄氏度，每年的支出与北方地区供暖费用大致相当。因此，在政府尚未有调整集中供暖分界线计划的前提下，对室内环境要求高的居民可以自行采用如分体式空调、壁挂式燃气炉等设备进行供暖。

对于集中供暖地区，供暖所需的热水由热电厂或锅炉房加热，通过供热管网进行循环，末端使用散热器（如铸铁散热器、钢制散热器等，见图2-1和图2-2）方式加热室内空气，也有的使用地板供暖的方式，其优点是技术成熟、安全、可靠，使用燃煤作为热源时价格较便宜；缺点为：①供暖的时间和温度不能自己控制，供暖调节自由度较差；②需要市政供热管网配套，新小区往往由于管网规划建设滞后导致不能供暖；③散热器表面温度高于70摄氏度时会产生灰尘团，使暖气上方的墙面布满灰尘；④市政供暖管网设施须长期维护，修理和更换。

▲ 图2-1　铸铁散热器　　▲ 图2-2　钢制散热器

其他的供暖方式还有：

（1）分体式空调和多联式空调

选用冷暖两用型分体式空调和多联式空调，夏天制冷冬天制热。

1）原理：采用热泵的方式，将热量从室外"搬运"至室内，1个单位的电能可以产生约3个单位的热能。

2）优点：能源利用效率高，调节灵活，可随时关闭开启。

3）缺点：热空气聚集在室内上部空间，对下部空间的加热效果较差；室外机在冬季会结霜，机组每运行一段时间需切换到融霜模式，此时室内机无法制热；在室外低于0摄氏度时制热效率低，制热效果差，房间达不到设定温度。

（2）分散式电加热供暖

分散式电加热供暖指使用电暖器、电暖风机等以电能直接转换成热能的方式供暖（见图2-3和图2-4），主要是利用高温发热体进行对流、辐射传热达到取暖目的。

1）原理：通过电阻发热将电能转化为热能，1个单位的电能只能转化为1个单位的热能。

2）优点：使用灵活、移动方便、不用安装，适用于房间局部加热。

3）缺点：能源利用效率低，耗电量大；冷热不均，设备表面温度较高，易引起灼伤，甚至导致火灾。

▲ 图2-4　电暖风机

◀ 图2-3　电暖器

（3）地暖

根据输送介质不同可分为电地暖和水地暖两大类。电地暖主要用发热电缆、电热膜等电热元件加热地面向室内供暖，以电为能源（见图2-5）；水地暖是通过埋设于地面下的热水管加热地面而达到供暖效果（见图2-6），其热源可以是分户式燃气壁挂炉、空气源热泵热水器（有厂商使用"空气能热水器"名称）、小区锅炉房、市政供热管网等。电地暖同分散式电加热供暖原理类似，电热效率低，由于电缆上还要覆盖如混凝土、木地板、瓷砖等面层材料，加热速率慢，整体能耗和供暖费用高，因此除了对于当地电力资源充足，燃煤、燃气、燃油供暖使用受到限制，供暖负荷较小且无法使用分体式空调器供暖的建筑建议使用电地暖外，其他场合并不推荐使用。

▲ 图2-5　电地暖的发热电缆的敷设方式

◀ 图 2-6　水地暖埋设于地面下的热水管路

地暖的原理和优缺点如下：

1）原理：通过加热地板，从而加热上方空气和向室内辐射热量的方式进行供暖。

2）优点：室内温度均匀，舒适度好，符合人体对室内温度分布的要求。

3）缺点：系统整体投资较高；系统开启后室内预热时间较长，通常需要一天以上的时间房间温度才能达到设定温度，无法间歇运行；地暖上方不宜覆盖织物，需要选用底部架空的家具；水地暖需要定期维护保养且在长期使用和重新装修时存在漏水隐患。

4 空调器供暖时室内应设定到多少度？

众所周知，夏季空调温度设定在26～28摄氏度最舒适、省电，那么在冬季呢，空调制热时室内设定温度为多少最合适？

使用误区：寒冷的冬天，很多人觉得室内空调设定温度越高，人会越舒服。但事实往往不是这样。过高的温度会使得室内空气干燥，使人体眼、耳、口、鼻、喉、皮肤等处感觉干涩。

从保健的角度看，冬季使用空调时，要注意两个问题：首先，室内外温差不宜过大，冬季空调温度设定最好保持在16～20摄氏度。如果室内外温差过大，人在骤冷骤热的环境下，容易伤风感冒；对于老人和患高血压的人而言，如室内温度过高，人体血管舒张，到了室外人体受凉血管收缩，会使老人和高血压病人的脑血液循环发生障碍，极易诱发中风。并且冬季空调温度设定每调低2摄氏度，空调就可以节电10%以上。

水地暖以35～50摄氏度的热水为媒介，在预埋在房间地面下的地暖专用热水管内循环流动，加热地板，通过地面以辐射为主的传热方式向室内供暖。

地暖主要以辐射方式散发热量，热源面积大，室内的温度会比较均衡，特别是高度方向上温度均匀度好。而其他取暖方式一般温度不均，特别是空调送风方式房间上部空气温度高，下部空气温度低，人体活动空间通常距地面1.7米以下，再高的位置人体感受不到，因而带来能源的浪费。不同供暖形式的温度分布对比如图2-7所示：

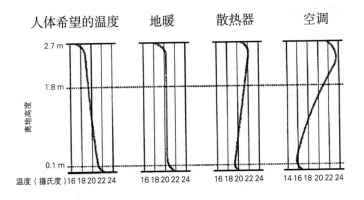

▲ 图2-7 不同供暖形式的温度分布对比

使用地暖的温度分布如图2-8所示，在人体坐高范围以下，地暖的温度分布更接近于理想的人体取暖温度。俗话说"寒从脚下来"，中医提倡根据人体的生理需求，理想的室内温度应当是"足温而顶凉"。地暖给人以脚暖头凉的舒适感，适合人体的生理学调节特点，可以防止因天寒受凉而造成的腿部疾病，对老年人和儿童尤为适用。

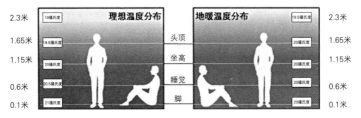

2.3米　1.65米　1.15米　0.6米　0.1米

理想温度分布　地暖温度分布

头顶　坐高　睡觉　脚

2.3米　1.65米　1.15米　0.6米　0.1米

▲ 图2-8　使用地暖的温度分布

地暖可使人们同时感到辐射温度和空气温度的双重效应，其室内温度梯度比对流供暖时小，可以减少屋内上部的热损失。地暖18摄氏度的设计温度可达到一般供暖20摄氏度的供暖效果。集中供暖时，使用地板辐射供暖可整体降低热力管网的供水温度至35～50摄氏度，比传统的散热器供暖时管网70～90摄氏度供水方式要节约能源。

地暖有很高的使用寿命。低温地板供暖，塑料管埋入地面的混凝土面层中，如无人为破坏，使用寿命在50年以上，而一般钢制散热器8～10年就需要更换。但是由于盘管是埋在混凝土面层里，上部还覆盖有瓷砖、木地板等面层材料，一旦损坏造成管路漏水，很难确定漏水位置，系统维修困难且成本高昂。

6　水地暖热源的选择

（1）户式燃气壁挂炉

户式燃气壁挂炉是"燃气壁挂式供暖炉"的一种俗称，我国的标准叫法为"燃气壁挂式快速供暖热水器"。使用燃气燃烧热量加热地暖热水管中的循环水（见图2-9），热量利用效率约为90%。

优点：可挂在墙面上，占用空间较小，加热效果稳定，不受阶梯电价的限制，可兼顾生活热水供应。

缺点：燃气费用较高；有废气排放的问题，需要安装在通风较好且人员非长期停留的区域。

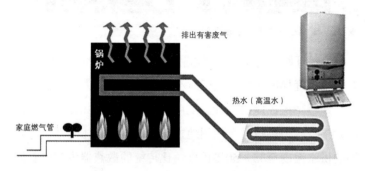

排出有害废气

锅炉

热水（高温水）

家庭燃气管

▲ 图2-9　户式燃气壁挂炉加热地暖水的工作原理

（2）空气源热泵热水器

空气源热泵热水器的原理与传统的分体式空调相同，消耗少量的电能来"搬运"室外的热量来加热循环水。热水器工作时，压缩机将制冷剂压缩成高温，在热交换器中将循环水加热。在循环过程中，制冷剂会吸收大量室外空气中的热量，输送给室内（见图2-10）。

优点：能源利用效率高，可兼顾生活热水。

缺点：室内机安装有蓄水箱，占室内空间较大，需要安装室外机；在室外温度低时运行效率低且供热量受影响，室外机有结霜问题，化霜时影响机组效率；供暖耗电量会计入家庭使用的阶梯电价中，带来供暖费用的进一步提高。

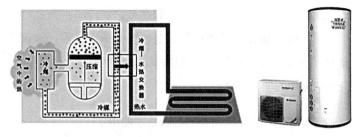

▲ 图2-10 空气源热泵热水器

7 地暖使用和维护的技巧

（1）初次使用缓升温，关闭系统要渐进

很多居民在第一次使用地暖时，不知该怎么样使用，如果使用不当会造成地暖设备的损坏，有时还会影响地暖的使用寿命，那么初次使用地暖时应该注意哪些事项呢？

使用误区：很多用户在第一次使用地暖时急于调高室内温度，往往将地暖温度立即设定到最大，在关闭系统时，为了省钱，更是立刻切断供气。其实，这种做法非常影响地暖设备的使用寿命，并容易出现地板开裂的隐患。

正确的使用方法：首次使用时，供暖开始的前三天要逐渐升温：第一天水温 18摄氏度，第二天 25摄氏度，第三天30摄氏度，第四天才可升至正常温度，即水温40～45摄氏度，地表温度 28～30摄氏度。

长时间停用再次启用地热采暖系统时，也要像第一次使用一样，按加热顺序升温。地表温度不能太高，要注意的是：使用地暖，地表温度不宜超过 30摄氏度，水温不宜超过45摄氏度，如果超过这个温度的话，会影响地板的使用寿命。

随着季节的推移，当天气暖和起来，室内不再需要地热系统供暖时，应注意关闭地热系统也要有一个过程，地板的降温过程也要逐步进行，不可骤降，如果降温速度太快，也会影响地板的使用寿命。

（2）管道堵塞是大患，过滤清洁不能少

家里在加热水的时候，会发现热水中总是会出现不少水垢。地暖系统使用的也是热水，那么就存在同样的问题，一旦水垢越积越多，就会堵塞地暖管，一旦地暖管堵塞，供暖系统就会失效。

使用误区：每一套壁挂炉地暖系统都有过滤装置，目的是为了防止水垢堵塞管道。很多用户只知使用，不知维护，过滤器长时间不能得到清理，水垢堆积，直至管道堵塞，出现故障。

正确的使用方法：供暖季结束后要清理过滤器，将过滤器中的杂质清除掉，下一个供暖季开始时再检查一下过滤器，看有没有杂质阻塞，这样才能使地暖系统更好地运行。长时间使用，还是或多或少会有一些水垢附着在管壁上，要定期请专业人员进行管道清洗，这样才能保证室内温度，同时起到节能作用。

（3）开关频繁最耗气，适当保温有道理

"壁挂炉取暖太费气了，算算只用了半个月就花了500多元。"经常会有用户这样抱怨。其实，燃气壁挂炉的耗气量是有一定规律的，如果您家里的耗气量始终居高不下，就要注意是不是使用方法出现了问题。

一般的情况是：供暖季的前几天耗气量最大，其后会逐步减少。顶层和一层比中间层日耗气量多15%左右，同层阴面与阳面的居室日耗气量相差为10%左右，周边四邻不供暖时，耗气量则会增加20%左右。在此基础上，如用户使用不当，耗气量还会有30%左右的差异。

使用误区：很多上班族习惯在家中无人时，将锅炉关闭，下班后再将锅炉调至高档进行急速加热，这种做法不可取。由于室温与锅炉设定温度差较大，锅炉需要一段时间大火运行，会更加浪费燃气。

正确的使用方法：上班出门前，只需将地暖温度调节旋钮调至低档。此时热水管水温保持在35～40摄氏度之间，房间内的整体空间温度大约在14～16摄氏度。等下班后，再将地暖档位调至所需要的温度即可。这种方式运行费用最省。在房间较多且人口又比较少的情况下，不住人或者使用频率低的房间的地暖分水器阀门可以调小或关闭，这样相当于减少了供热面积，不仅减少了燃气消耗，而且其他供暖房间温度上升也会加快。

（4）合理开窗透气，室内温度16～20摄氏度最舒适

大家都会感觉到开了暖气后，家里太干燥。是否开窗？如何开窗才能避免热气跑掉？

使用误区：有些人为了不让家里热气跑掉，冬天家里长时间不开窗子，家中的空气质量很难保证。

正确的使用方法：建议每天早上起床后开窗15分钟。此外，室内温度不宜过高，因为环境温度升高1摄氏度，能耗需要增加6%，而且室内温度过高会造成人体皮肤干燥。室内温度最好保持在18摄氏度左右，这种情况比较节能，穿一件毛

衣不会感觉冷，室内外温差也比较适宜。

（5）天气回暖地暖停，充水保养最可行

天气渐暖，地暖经过了第一个冬天的考验，一切都还正常，现在地暖不用了，应该如何保养？水要不要放出来？压力要泄压还是保持？

正确的使用方法：地暖系统停止运行后，热水供暖系统管网一般都采用充水保养。其做法是将管网冲洗干净，然后重新向管网中充入经过化学处理的水并把锅炉烧起来，加热系统中的水，并保持1~1.5小时，再打开系统的排气阀，把其中的空气排出系统外。排气之后，把系统中的所有阀门关好，停炉熄火，让水逐渐冷却，把水保留在系统的管网内，直到下一个供暖期开始。

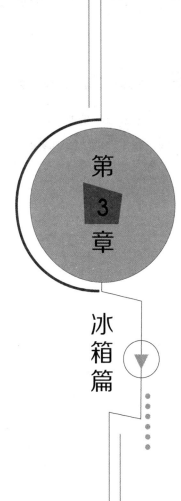

第
3
章

冰
箱
篇

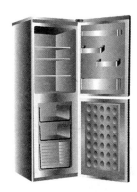

市场上家用冰箱种类繁多、款式各异、尺寸和外观也各有不同，除了外观选型和颜色等因素由个人爱好和家具搭配所定之外，选择的首要原则是确定现在和将来家庭对冰箱使用的具体需要。大致可从以下几方面考虑。

（1）冰箱的容积

消费者应根据自己家庭的饮食生活习惯以及家中人口的多少来选择购买不同容积的冰箱，一般以每人60～100升来考虑。不要一味地追求高端而忽略了实用性。

单门冰箱：只有单一的冷冻功能，容量一般在50～100升之间，比较适合单身或是容量需求不大的人群，价格相对比较便宜（见图3-1）。

▲ 图3-1   单开门冰箱（奥马BCD-100BUAJ）

双门冰箱：一般来说2～3口之家最实用的是200升左右的双门冰箱，传统的上下两开门设计，分为冷藏室和冷冻室，价格区间比较大，可按家庭实际需求挑选（见图3-2）。

◀ 图3-2　双门冰箱
（奥马BCD-152BCJ）

　　三开门冰箱：此类冰箱在双门冰箱的基础上增加了食物保鲜室，温度可控制在0~4摄氏度之间，食品保存的时间比冷藏室要长，与冷冻室相比食物不冻结，有助于保留蔬果、肉类的口感。冰箱容量相对来说较大，一般在200~350升，不过价格也比双门冰箱贵。比较适合3~5口之家（见图3-3）。

◀ 图3-3　三开门冰箱
（奥马BCD-203DBA）

对开门冰箱：容量一般在350升以上，这类冰箱较为豪华，适合5口以上家庭（见图3-4）。

◀ 图3-4 对开门
冰箱（奥马 BCD-
388DBB）

（2）考虑冰箱的节能效果

我国强制要求冰箱生产企业在冰箱上粘贴能效等级标识（见图3-5）。消费者可以把能效等级作为选购的参考标准，能效等级数字越小，表示冰箱越省电。冰箱的能效等级是根据一台冰箱24小时的耗电量来确定的，因此，消费者能通过能效标识比较出冰箱耗电量的多少。

按照国家最新标准《家用电冰箱电耗限定值及能源效率等级》规定，把电冰箱分成1、2、3、4、5五个等级，其中：

1级表示产品达到国际先进水平，最节电；

2级表示比较节电；

▲ 图3-5 冰箱的
能效标示

3级表示产品的能源效率为市场的平均水平；

4级表示产品能源效率低于市场平均水平；

5级表示耗能高，是市场准入指标，低于该等级要求的产品不允许生产和销售。

不过，正因为有能效标识对节能的直接感觉，部分消费者在选购时却走入了误区，过分注重冰箱的能效等级，而忽略了制冷能力。比如一台24小时耗电量为0.3度的冰箱，其冷冻能力为5千克。而一台24小时耗电量为0.6度，其冷冻能力为20千克。如果只看节能标识，消费者肯定认为第一种冰箱比较省电，可是根据实际情况分析，明显是后一种冰箱相对省电。冰箱节能与否是一个与冰箱冷冻能力相对的概念，消费者在选购时千万不要忘记这一点。

（3）售后服务

一般冰箱都会有一定的返修率，因此选择售后服务好的品牌也是十分必要，目前冰箱生产企业都有自己的一套售后服务标准，不妨从维修费用、质保期、维修速度、维修服务的全面性以及周到性等实在因素去衡量厂家的售后服务水平。由于目前国内市场的冰箱产品已进入同质化竞争阶段，不同品牌冰箱性能、外观差异较小，就售后服务而言，消费者可考虑选购国产品牌，维修方便且修理费用较低。

综上所述，建议消费者依据住房面积的大小、家中人数、生活习惯、装修风格等因素选择最适合自己家庭的冰箱，不要一味地追求高端而忽略了实用性。而且还要正确地去看待能耗、功能、品牌、售后服务等因素，买到适合自己的冰箱，而不是买华而不实的"花瓶"。

一台好的冰箱如果使用不当就达不到好的使用效果甚至影响食品保质和冰箱寿命，合理使用冰箱主要体现在以下几方面：

（1）冰箱安装和摆放的注意点

1）运输移位。运输或移位搬动时，需要保持"直立"，有所倾斜时不要超过45度，冰箱就位后宜静止放置2小时后启动使用。此举的主要目的是让压缩机内的润滑油回流，不致因缺少润滑油而烧毁压缩机。

2）安放位置。冰箱不要紧贴墙面安放，必须留有10厘米以上的距离（顶部30厘米以上），以保证冷凝器正常散热。冰箱不要放置在太阳直射的地方或热源附近。冰箱所处的位置越通风、温度越低，就会越省电。

3）清洁、通畅和平整。经常保持冰箱清洁和融霜下水管通畅。不但要注意冰箱整体安放的平整和稳固，还要注意冰箱门密封条是否平整、密封，使冰箱门"不漏气"，以避免"漏冷"。

（2）冰箱的日常使用及保养

1）温度控制要点。合理确定冰箱内的使用温度，冷藏室、冷冻室和冰温室的温度，都应根据储存食品的种类和储存时间合理调整。冰箱内温度调得越低，耗电量就越大。

2）冰箱开门要合理。开门次数不要太多，每次开门的时间不要太长。热空气会随着箱门的开启而进入箱内，增加结霜的机会，增加冰箱的耗电量。开门次数过多、时间过长，还会使箱内的温度波动太大，影响食物的品质，缩短储藏期。

3）注意运行情况。经常注意冰箱的压缩机运行和箱内温度是否正常；冷凝器散热是否正常；定期观察家庭的用电费用是否增加。

4）使用中的定期清洁保养。

首先，拔出电源插头。

箱体外表清洗。用软布沾温水、中性肥皂水或洗涤液擦洗，不能用烈性清洗剂、去污粉、香蕉水等有机溶剂。

制冷部件外表清洁。冰箱后部的压缩机、冷凝器和毛细管等外露部件，可用鸡毛掸子掸去灰尘或用布轻擦干净，绝不可用水冲洗，也不要碰触毛细管等易损部件。

冰箱内部清洁。取出内部所有食品及附件；所有附件清洗干净后放在清洁通风处晾干。冰箱内部在融霜后用温水、中性肥皂水或洗涤液擦洗，再用清水擦净后晾干。

装回取出的所有附件，恢复冰箱的原来位置并保持水平和稳固，放回食品，关上箱门，再插上电源插头，使冰箱恢复运行。

5）冰箱暂停使用时的保养。

拔出插头，取出所有储存物品，做好冰箱内、外的清洁工作，然后存放在通风干燥处。

把温控器调在强冷档，使温控器内的弹簧充分舒展（如果是电子式温控器，不需要作此调整）。

在门封的四周涂一些滑石粉，也可以垫一层纸条后关闭箱门，避免门封条与门框粘连。

每周通电2～4小时，使机件始终保持灵活运转。运转结束后用软布擦干箱内水气，待充分晾干后再关上箱门。

停止运行期间可用布罩盖冰箱，防止积聚灰尘，不宜采用塑料套。

6）长期停用的电冰箱怎样恢复使用。

使用前先做检查，如无异常情况应对冰箱进行清洗，冰箱由于长期停用，润滑油沉底变黏，机件处于失油状态，使用时应分几次启动。插上电源稍稍启动一下，再停机3～5分钟，再启动2～3分钟，停机3～5分钟，如此反复几次，待润滑油受热变稀后使机件润滑，再投入正常使用。

（3）冰箱的清理

1）箱内结霜不能太厚。

注意不要使冰箱结霜太厚，更不能结成冰块。有些人看到冰箱内都是"冰天雪地"就认为是冰箱制冷能力强的表示，恰恰相反，这时候的冰箱处于温度难降低、运转不能停和用电多的不正常运行状态，需要定期融霜（对于无霜冰箱则属于故障，应及时报修）。

2）平时如何除去冰箱异味。

家用冰箱使用一段时间后，会产生一股难闻的气味，其来源主要有两方面：一是因微生物的作用，食物内的蛋白质被分解；二是因食物中的脂肪被空气中氧气所氧化，生成醛酮类化合物，这类化合物会释放出一股难闻的哈喇味。当冰箱中已有了异味后，应及时去除，去除冰箱异味的方法很多，如：

①用活性炭、鲜橘皮吸附异味；

②用硫酸亚铁溶液去除异味；

③用黄酒、香醋去除异味；

④用茶叶、烧过的煤饼或毛巾吸附异味；

⑤用电子去味器去除异味。

3　冰箱存放食物注意事项和技巧

（1）食品进出冰箱注意事项

1）对不同食品按不同方法存入。

冻结食品立即放入；果蔬和鲜蛋在保持干净和不太潮湿的情况下尽快放入；煮熟的食品在冷却接近室温后放入，其道理是不使箱内食品温度升高，避免空气中的水分和细菌进入食品，还可减少制冷负荷，做到节约用电。（蔬菜、水果要把外表面水分擦干，放入果蔬盒内，以零上温度储藏为宜。）

2）鲜鱼、肉要用塑料袋封装。

鲜鱼、肉在冷冻室储藏。

3）冰箱中取出的熟食品必须回锅。

冰箱内的温度只能抑制微生物的繁殖，而不能彻底杀灭它们。

4）冷冻食品宜在室温中自然解冻。

冻结的肉类食品可以按食用提前取出，放置于容器中，在冰箱冷藏部分解冻，可以节约能量，采用自来水冲淋、热水浇等方式解冻食品会影响食物质量。

冻结的植物性（水果、蔬菜）食品和速冻调理食品（如水、饭、面制品等）不需要解冻，可以直接烹调，烹调过程为解冻的过程。

5）量用为出，同一食品不要反复存入取出。

取出的食品按需加工或食用。其道理是保证食品质量，避免细菌进入和繁殖，不给制冷系统增加额外负担。

6）汽水、啤酒等饮料应放在冷藏室内。

瓶装、听装饮料放入冷冻室内容易冻裂，应放在冷藏箱内或门档上，以4摄氏度左右温度储藏为最好。

（2）冰箱储藏食物注意要点

1）小批量存入冰箱，四周留有空间，不要堆得太满，以利于冷热对流。其道理是有利于存入食品尽快降温。不使箱内温度产生过大波动而影响先期存入的食品；保证制冷效果并不使冰箱负荷过大而影响其工作和寿命。

2）食物不可生熟混放在一起，以保持卫生。按食物存放时间、温度要求，合理利用箱内空间，不要把食物直接放在冷冻室表面上，要放在器皿里或储物盒内，以免冻结在表面，不便取出。

3）对食品按需分门别类，加工成小块或小量份额，存入容器或包上保鲜膜。其道理是取用时可按需定量；食品之间也不会相互影响和串味；鲜活果蔬呼吸放出的二氧化碳，部分留在膜内，也会抑止其呼吸，对延长储存期有利。

4）存储食物的电冰箱不宜同时储藏化学药品。化学药品具有挥发性，放入存储食物的电冰箱会影响食物品质，甚至发生爆燃危险。

4　冰箱中食品摆放建议

许多人把食物买回家后，就会一股脑儿地将它们扔进冰箱。无论什么时候，只要一打开冰箱，里面总是乱糟糟的。其实，冰箱内的食物码放摆放大有学问，如果位置不对，温度就不对，食品的品质也会受到很大影响。

一般来说，冰箱门处温度最高，靠近后壁处温度最低；冰箱上层较暖，下层较冷；保鲜盒很少被翻动，又靠近下层，所以那里温度最低。所以，不妨依温度顺序，把冰箱冷藏室分为6个区域：冰箱门架、上层靠门处、上层后壁处、下层靠门处、下层后壁处、保鲜盒。

（1）适合放在冰箱门架上的食品：有包装但开了封、不会在一两天内变坏的食品，如番茄酱、沙拉酱、芝麻酱、海鲜酱、奶酪、黄油、果酱、果汁等，以及鸡蛋、咸鸭蛋等蛋类食品。

（2）适合放在上层靠门处的食品：直接入口的熟食、酸奶、甜点等。储存这些食品时，应避免温度过低，并防止生熟食品交叉污染，所以不宜放在下层。

（3）适合放在上层后壁处的食品：剩饭菜、剩豆浆、包装豆制品等。由于这些食物容易滋生细菌，稍低于0摄氏度的温度最合适。

（4）适合放在下层靠门处的食品：各种蔬菜及苹果、梨等温带水果，而且要用保鲜袋装好，以免因温度过低而导致冻坏。

（5）适合放在下层后壁处的食品：没有烹调熟，但又需要低温保存的食品，如水豆腐、盐渍海带丝等，以及有严密包装不怕交叉污染的食品，还有等着慢慢化冻的食品，适合存放在最冷的地方，比如下层后壁处。

（6）适合放在保鲜盒里的食品：排酸冷藏肉，半化冻的鱼、鲜虾等海鲜类。由于水产品中的细菌往往耐低温，温度稍高容易加速其繁殖，而保鲜盒既可起到隔离作用，避免交叉污染，又具有保温功效，避免频繁开关冰箱门产生的温度波动。此外，如果有专门的可调温保鲜盒，最好把肉类放在–1～1摄氏度的保鲜盒中。

食物的推荐储藏位置可参照图3-6。

▲ 图3-6　食物存放位置推荐

5　日常食品冷藏冷冻适宜温度和时间表

冰箱保存食物的常用冷藏温度是 4～8摄氏度，在这种环境下，绝大多数的细菌生长速度会放慢。但有些细菌却嗜冷，如耶尔森菌、李斯特氏菌等在这种温度下反而能迅速增长繁殖，如果食用感染了这类细菌的食品，就会引起肠道疾病。而冰箱的冷冻箱里，温度一般在零下18摄氏度左右，在这种温度下，一些细菌会被抑制或杀死，所以这里面存放食品具有更好的保鲜作用。但冷冻并不等于能完全杀菌，仍有些抗冻能力较强的细菌会存活下来。所以，从另一个角度来说，冰箱如果不经常消毒，反而会成为一些细菌的"温床"。

不同食物储藏温度

1. 鲜鱼最佳冷藏温度为零下3度。
2. 肉类在2度至5度条件下冷藏，可保持一个星期。
3. 贮存酒类的最佳温度为5度至20度。
4. 桶装啤酒和瓶装啤酒宜在0度至5度保存，而瓶装熟啤酒则应在10度至25保存。
5. 鲜牛奶冷藏的最佳温度为2度至4度。
6. 茶叶在零下20度至10度温度下贮存，能长期防止品质变质，保持维生素不受破坏。
7. 杂粮的最佳温度为8度～15度，可防止粮食生虫子。
8. 冻鱼的最佳温度：是在零下3度以下，在此温度下鱼不易变质，可保其鲜味。
9. 储存鸡蛋的最佳温度：在15度以下，鸡蛋不易腐败变质。
10. 存放马铃薯的最佳温度是：2～4度，温度过高就会发芽，而影响食用。

食物的保存时间

鲜蛋：冷藏30～60天
熟蛋：冷藏6～7天
牛奶：冷藏5～6天
酸奶：冷藏7～10天
鱼类：冷藏1～2天，冷冻90~180天
牛肉：冷藏1～2天，冷冻90天
肉排：冷藏2～3天，冷冻270天
香肠：冷藏9天，冷冻60天
鸡肉：冷藏2～3天，冷冻360天
罐头食品：未开罐冷藏360天
花生酱芝麻酱：已开罐冷藏90天
咖啡：已开罐冷藏14天
苹果：冷藏7～12天
柑橘：冷藏7天
梨：冷藏1～2天
熟西红柿：冷藏12天
菠菜：冷藏3~5天
胡萝卜芹菜：冷藏7~14天

▲ 图3-7　冰箱可储存食物的推荐储藏温度和时间

　　如何正确使用冰箱，也是人们必不可缺的家庭知识，为了家人的健康，一定需要知道冰箱里的食物可以放多久。图3-7所示是冰箱可储存食物的推荐储藏温度和时间。

6　不宜放入冰箱储藏的食品

　　（1）芒果、柿子、香蕉等酱果类的水果：在低温条件下，香味会减退，表皮也会变质。香蕉在12摄氏度以下的环境储存，会使其发黑腐烂。

（2）鲜荔枝：在0摄氏度以下的环境中放上一天，其表皮就会变黑，果肉就会变味。

（3）橙子、柠檬、橘子等柑橘类的水果：在低温情况下，表皮的油脂很容易渗进果肉，果肉就容易发苦。最好放置在15摄氏度左右的室温下储藏。

（4）草莓、杨梅、桑葚等即食类水果：最好即买即食，放入冰箱不仅会影响口味，也容易霉变。

（5）黄瓜：在0摄氏度的冰箱内放三天，表皮会呈水浸状，失去其特有的风味。

（6）西红柿：经冷冻，局部或全部果实会呈水浸状软烂，表现出褐色的圆斑。

（7）火腿：如将火腿放入冰箱低温储存，其中的水分就会结冰，脂肪析出，腿肉结块或松散，肉质变味，极易腐败。

（8）巧克力：巧克力在冰箱中冷冻后，取出在室温条件下会在其表面结出一层白霜，容易发霉变质，失去原味。

（9）鱼：不宜在冰箱内存放太久。在贮藏温度高于-30摄氏度时，鱼体组织就会发生脱水或其他变化。容易出现鱼体酸败，肉质发生变化，不宜食用。

（10）中药：冰箱内，各种细菌容易侵入药材内，而且容易受潮，破坏了药材的药性，所以对一些贵重的药材，若需长期保存，可放在一个干净的玻璃瓶内，然后投入适量用文火炒至暗黄的糯米，待晾凉后放入，将瓶盖封严，搁置在阴凉通风处。

冰箱的故障有很多种，产生原因亦各有不同，判别的方法是在各种可能的原因中采取排除法，逐一检查、最后确认。如果我们掌握了一些基本知识，就能对一些常见故障进行判别，及早采取措施，简单故障就可以排除，较严重的故障也可不让其发展而及时向专业人员报修。冰箱的常见故障和主要原因如下所述。

（1）冰箱的压缩机不能启动

1）电源断电或电源插头接触不良。

2）电源电压过低。

3）采用公用电源插座而受其他用电设备影响。

4）温度控制器旋钮置于"停止"点。

5）误按了除霜按钮。

6）启动继电器未闭合或接触不良，过载过热保护器断路。

7）压缩机电机绕组断路或启动电容器断、短路。

8）压缩机机械故障，如咬缸、抱轴等。

9）其他电源电路或控制电路问题。

（2）压缩机运转但不制冷

1）制冷剂泄漏。

2）制冷系统冰塞或脏堵。

3）压缩机阀片破损，压缩不良不做功。

4）制冷剂充注过量。

5）门封条损坏或与箱体不密封。

6）风冷式冰箱的风扇或风门失灵。

（3）温度偏低但压缩机仍不停止运转

1）温度调整不当或被设置在连续运转点（如速冻点等）。

2）温控器失灵或温控、保护等有关电路接错。

3）温控感温元件受损或设置位置偏离。

（4）压缩机长时间运转

1）初次使用时，运行时间较长，这是正常现象。

2）冰箱中一次放入的食品过多。

3）气温过高，冰箱冷凝器散热慢。

4）频繁开启冰箱门，导致室内热量进入冰箱。

5）档位调节过高，使得冰箱停机温度过低。

6）温控器失灵或温控、保护等有关电路接错。

（5）冰箱箱体两侧板和前面中梁（冷凝器）温度过高

冰箱利用箱体两侧板和前面中梁散发热量，温度较高，这是正常现象。如果温度过高，主要原因如下：

1）冰箱放置在热源附近或受阳光直射。

2）冰箱放置离墙过近或周围通风不畅。

3）冷凝器（外露式）表面积尘过多。

4）制冷剂充注量过多。

5）制冷系统内混入空气等不凝性气体。

（6）冰箱内壁（蒸发器）上霜层增厚过快

1）开门次数过多，开门时间过长。

2）存入的食品过于潮湿。

3）箱门密封不严密。

（7）风冷式冰箱风扇不转

1）风扇叶片被障碍物卡死或冰霜冻住。

2）风扇电机断路或短路。

3）门触开关接触不良。

（8）风冷式冰箱自动融霜失灵

1）融霜电热器断路或短路。

2）融霜温控器不能复位或断路。

3）融霜时间继电器失灵。

4）融霜超热保护器熔断。

5）泄水管堵塞，融霜水不能排出。

（9）夏季电冰箱制冷量不足

1）温控器旋钮档位设定不当，必要时可向高档调节。

2）门没关严或频繁开启冰箱门、开门时间过长。

3）放置位置受到阳光直射或者太靠近炉子、暖气等热源。

4）通风不良，有物品遮挡左右两侧板或者后背钢板。

（10）冬季使用电冰箱冷量不足

单温控双门冰箱的运行（压缩机的开、停）一般取决于冷藏室的温度，当冬天室温较低时，冷藏室的温度回升较慢，压缩机的停机时间较长，此时冷冻室的温度会升高，甚至冷冻食品会变软。解决的办法是：

1）开启冬季低室温补偿电加热器（俗称节能开关、节电开关、冬用开关）。

2）适当调低温度控制器。

（11）冷藏室内底部有水，有时从门缝中流出是什么原因？如何处理？

主要原因：冷藏室排水孔被油污、杂物等堵死。也有部分冰箱排水孔离蒸发器较近，排水孔入口结冰堵死。处理办法：定期用温水擦洗，如堵塞用细木签、竹条清理，使其保持畅通。

8　家用冰箱噪声大的原因

家用冰箱产生噪声的可能原因如下：

（1）放置不当的噪声。如地面不平，地板有松动，冰箱地脚螺丝没有调平，箱背接触墙壁。

（2）管路或设备碰撞或松动的噪声。如压缩机、过滤器、冷凝器的固定螺母松动，内、外水盘振动。

（3）压缩机内部噪声。

（4）冰箱在初次使用或者在启动时，由于冰箱的运行状态没有稳定，故冰箱在开始运行时，会发出较大的"嗡嗡"声，运行稳定后，声音就会减小。

9　冰箱的压缩机

判断冰箱好坏的重要指标之一是能效和冷冻能力。理论上，冷冻能力是指冰箱在测试条件下24小时对食品的冻结能力，因此越大越好。同时，冰箱作为家中唯一24小时连续运转的电器，它的能耗水平是非常值得关注的，能效越高越省电。因此，好的冰箱应该是在能效达到最高等级的时候，具备更强的冷冻能力。冰箱噪声是另外一个需要关注的指标，欧盟已经要求冰箱品牌主动标注冰箱噪声水平，好的冰箱应该是更加安静，平稳运转的冰箱。冰箱压缩机被称为冰箱的心脏，其重要性可见一斑。它通过产生压力驱使制冷剂在循环回路中流动，从而源源不断地将冰箱内部的热量送到外界，如图3-8所示。

▲ 图3-8　冰箱压缩机示意图（Embraco 供图）

压缩机的基本知识介绍如下：

（1）压缩机的工作原理

压缩机从吸气管吸入低温低压的制冷剂气体，通过电机运转带动活塞对其进行压缩后，向排气管排出高温高压的制冷剂气体，为制冷循环提供动力，从而实现压缩→冷凝（放热）→膨胀→蒸发（吸热）的制冷循环。压缩机一般由壳体、电动机、缸体、活塞、控制设备（启动器和热保护器）及冷却系统组成。冷却方式有油冷和自然冷却两种。

（2）购买冰箱时对压缩机的检查

压缩机的好坏决定了一台冰箱的性能优劣，那么，有什么比较简单的方法可以让消费者大致了解一下压缩机的状况呢？接下来就为大家介绍一些容易操作的小技巧，这样大家在购买冰箱时就可以有的放矢。

外观方面。全新的冰箱压缩机，通常外表光滑，漆面平整不粗糙。输入和输出管焊口都是一次直接与蒸发器焊接的，如果是重新焊接，一般都会有打磨过的痕迹。

生产日期检查。新的压缩机都有铭牌，上面标有压缩机的型号、编号、出厂日期、功率大小等，可进行核对。

温度检查。在压缩机运行时，可用手背触摸其外壳，外壳不应过烫。如果过烫，就说明这台压缩机的质量有问题，要谨慎购买。

噪声方面，压缩机在启动和停止运行时，会发出噪声，这属于正常现象。压缩机内有三根弹簧吊着汽缸和定子用来防振，运行中的压缩机在停止时会产生一种阻力，由于弹簧的作用，使汽缸向两边摆动，产生金属的碰击声，这是一种正常的响声。在压缩机运行数分钟或停止数分钟后，能听见一种啪啪声，如果是在冰箱的后面，一般是冷凝器紫铜管或百叶窗散热片，由于热胀冷缩产生的响声，如果这种响声是来自冰箱上部，一般是冰箱内上部吊装的蒸发器，由于温度一冷一热的变化，使吊装部位已经冻结在一起的薄冰被拉破而产生的啪啪声。以上两种响声都是正常现象。电冰箱在使用过程中，每当压缩机启动和停止时，常听到管内发出一种轰隆声，这是液体制冷剂的流动声。在有压力的液体管道中，液体流动时，有一股水流的滚动声。这种声音在压缩机的启动和停止时很大，如压缩机启动时，液体制冷剂瞬间受高压力的冲击，加速流动，发出后浪推前浪的液流轰隆声，一旦液体流动平稳时，响声减小；压缩机停止运转时，压力减小或消失，但液体的流动一时停不下来，虽然前浪速度减慢，但后浪的惯性力较大，仍往前滚动，发出轰隆声，随后响声消失，这是一种正常现象。

压缩机在正常运转时不应有过大噪声，如工作异常则会发出以下声音。压缩机在运行时，机内发出一种金属撞击声，这种响声是压缩机内高压消声管断裂所致，在冰箱使用中，常有发生。这种声音需要切开机壳，更换高压消声管或焊接断裂处。压缩机在运行时，机内发出一种轰轰声，这种响声是机内吊挂汽缸的弹簧有一根折断或脱位，致使汽缸碰撞机壳而发出的响声，这是一种不正常的响声。一种是指压缩机接通电源后，由于电源电压过高或过低，过载保护继电器电热丝过热、机内运动部件卡住等，致使压缩机难以启动而发出的嗡嗡声；另一种是管道悬空过长又无防振措施，发出的嗡嗡声。

对于放置在客房、卧室的冰箱，为了不影响人员休息，具有更高的噪声限值要求。使用带有变频功能的压缩机可以有效减小压缩机噪声，这是由于变频压缩机工作转速的变化较为平滑，可以实现无级变速，当制冷负荷高时高速运转，当制冷负荷低时维持低速运行，从而避免压缩机频繁启停，降低部件碰击和制冷剂冲击噪声。

（3）压缩机使用时的注意事项

压缩机在使用和运输过程中，一些错误的操作方法也极容易导致其出现故障，因此，在运输和使用过程中，必须注意一些事项：

1）压缩机在使用、运输过程中应始终保持直立状态。

2）压缩机在使用、运输过程中不允许跌落，翻滚。

3）压缩机在使用时管路状态良好，橡胶塞及压缩机外部状态应完好无损。

4）压缩机使用的电压、频率要严格遵守铭牌标示的数值。

5）压缩机在出厂时已充入保护气体，在未使用前不能随意拔出管路上的橡胶塞。

6）压缩机安装前的最长储存时间一般不超过12个月，超过12个月再使用应先检查压缩机内的保护气体是否泄漏，没有泄漏方可使用。

7）使用不同制冷剂的压缩机对润滑油的要求也不同，例如R12制冷剂，应该用矿物油作为润滑油，R134a用脂类油，R600a用矿物油等，在使用时应该严格遵守，不可以使用与制冷剂不符的物质作为润滑油，这样极容易引起压缩机故障。

8）避免在真空状态下运行压缩机。

（4）压缩机产生故障的一些常见原因

1）电机经常在过压或欠压的情况下启动或运行。

2）由于制冷系统的故障，使压缩机长时间运转不停，温度升高，漆包线老化而烧毁。

3）除霜不及时，使冰箱的负荷加重，造成压缩机的过早损坏。

4）频繁通断电造成冰箱频繁启动，影响了压缩机的寿命。

第
4
章

冷
冻
冷
藏
篇

（1）食品冷冻冷藏行业的发展趋势

我国食品冷冻冷藏行业是20世纪80、90年代发展起来的一门新兴食品产业，从无到有，从小到大，从东到西，目前几乎遍及全国所有地区，年产量达到600万吨以上。现代生活中便于烹调的冷冻食品越来越受到人们的青睐，为冷冻食品加工业者提供了广泛的商机。冷冻食品因为其营养、方便、卫生、经济的特性，在发达国家市场需求量很大，在食品行业占有非常重要的地位，而在我国，冷冻食品正处于发展期。

1）我国地域辽阔，饮食消费各异，拥有不同资源优势，基本形成冷冻食品生产消费区域性发展特点。东南沿海如上海、北京、天津、温州等城市，近两年来突破传统中式点心，逐步转为依靠科技力量，不断开发新产品，目前市场上冷冻食品的品牌已达200多种（见图4-1）。

2）以河南省为主的中原地区，依靠丰富的农产品与低价劳力的优势，近三五年来大力发展汤圆、水饺等面点类冷冻点心食品，一些企业规模与产销量后来居上，名列全国前茅。

3）广东、海南地区由于早茶饮食习惯需要，叉烧包、蒸饺等特色点心，在4～10摄氏度冷藏在超市卖场出售。

4）山东、浙江沿海海产资源丰富，大量生产冷冻水产品内销与出口。福建、浙江、江苏、山东、云南等各地，已形成一定规模的蔬菜种植与家禽饲养速冻商品出口创汇基地，品种丰富，质量优良的速冻与冷藏蔬菜，冷冻与冰鲜家禽外销，赢得了稳定的海外市场。

▲ 图4-1　冷冻水产品及水果

5）内蒙古、青海、新疆与黑龙江等内陆地区利用畜牧业优势，近年来开始涌现各种品牌的牛羊肉、骆驼肉调理烧烤特色半成品菜肴，销至全国。

（2）食品的冷加工及品种

进入20世纪80年代以后，为适应我国人民生活水平不断提高的需要，食品冻结装置的形式有了很大改进和发展。通过自行研制和引进、消化、吸收，我国已能生产推进式、流态式、螺旋式、隧道式等多种形式的速冻装置，改变了过去主要依靠冻结间的冻结模式。在品种上，也一改冻白条肉、冻大盘鱼、虾等传统产品结构，开发出许多种类的快捷、方便、富有营养食品（见图4-2），以满足人民生活不断提高的需求。目前我国冷冻冷藏食品主要分两大类：

1）冷却食品：原料或经过初步分割加工后的食品。包括猪白条肉、分割肉、

▲ 图4-2　冻结猪爪

禽、蛋、鱼、水果、蔬菜等。由于市场的需求变化，上述产品在种类、体积、包装等方面已有较大的改进。这类食品主要以冷却、冷藏为主。其中的蛋、水果、蔬菜是有生命活动的活体，冷藏中要维持其呼吸作用，防止衰老死亡；又要减少呼吸作用到最小，防止因为呼吸作用而损失营养成分。

2）速冻食品，品种有如下几大类：

①速冻油炸食品类：如速冻油炸白薯、土豆等。

②速冻面点食品类：如速冻饺子、汤圆、包子、春卷等（见图4-3）。

▲ 图4-3 速冻面点

③速冻配餐食品类：由主食和副食配制而成。

④速冻蔬菜类：冻豌豆、菠菜、蒜苗、刀豆等。

（3）食品冷冻冷藏技术问题

冷冻冷藏食品加工业、食品贸易业、餐饮业和消费领域的顾客对冷冻冷藏食品的质量要求很高，冷冻冷藏产品领域需要一种全面的技术，并且有不同的温度要求。冷冻冷藏产品的主要优点是生产商、经销商可以将冷冻冷藏食品储存很长时间，而食品不会发生质量的改变或者营养的丧失，更重要的冷冻冷藏产品可以一直储存到需要使用时候为止。所以选择合适的冷冻冷藏技术很重要。

空调制冷大市场的调查显示，目前冻结技术优劣的主要区别在于热传导速率，冻结食品时的重点是将食品由常温降到至少零下18摄氏度这一过程的速度。如果速度慢，水分子形成的大冰晶将破坏细胞膜和组织，冻结食品的结构和形状都将发生改变，不只维生素和营养会遭到破坏，食品也会失去原有的味道。但是如果冻结速度快，水将冻结成非常小的晶体，这仅仅会稍稍破坏食品基质。为了做到这一点，冻结速度，也就是冰界面在食品中的移动速度至少要达到每小时一厘米。

保鲜食品所需要的低温主要由制冷压缩机来实现。将要冷冻冷藏的食品放在输送带上在输送过程中快速降温。工业上冷冻冷藏食品可以采用以下方法：气流冷冻冷藏和接触冷冻冷藏。气流冷冻冷藏冷空气从通道上传送过来，从食品上流过。通道式气流冷冻冷藏适用于所有包装食品、非包装食品、规则形状食品和非规则形状食品。流化床冷冻冷藏时，底部网槽将冷空气向上推动，松散、未包装的食品来回移动，被冷空气冻结（见图4-4）。

使用冷冻冷藏带、柔性钢带或者旋转气缸属于接触冷冻

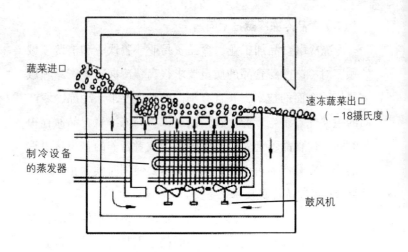

图中标注：
- 蔬菜进口
- 速冻蔬菜出口（－18摄氏度）
- 制冷设备的蒸发器
- 鼓风机

▲ 图4-4　气流冷冻冷藏

冷藏。这种方法中，包装食品被放在金属板之间，冷却剂在金属板之间流动，将金属板冷却到零下40摄氏度左右。接触冷冻冷藏主要用于冷冻冷藏块状食品（例如鱼片或者奶油菠菜等）。

（4）食品冷冻冷藏相关问题

1）引起食品腐败变质的主要原因是什么？

微生物作用、酶的作用和非酶作用（呼吸作用、化学作用等），如图4-5所示。

2）食品的冷却、冻结的主要区别是什么？

冷却是指将食品的温度降低到某一指定的温度，但不低于食品汁液的冻结点。冻结是指将食品的温度降低到食品汁液的冻结点以下，使食品中的水分大部分冻结成冰。冷却的动物性食品只能作短暂的储藏，冻结食品可以作为长期（6个

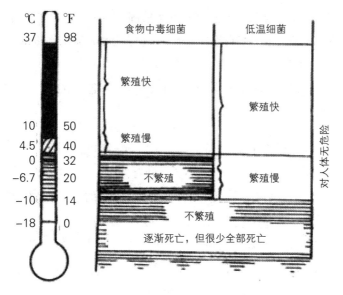

▲ 图4-5　食品中毒细菌与低温细菌的繁殖温度区域

月）储藏。

　　另外，二者的温度不同。冷却：零下2摄氏度至零上4摄氏度；冻结：零下18摄氏度。

　　3）食品冷却、冻结的方法是什么？

　　食品的冷却方法有真空冷却、差压式冷却、通风冷却、冷水冷却、碎冰冷却等。冻结的基本方式有鼓风式冻结、接触式冻结、液化气体喷淋冻结、沉浸式冻结。

　　4）动植物食品冷藏的原理。

　　对动物性食品来说，主要是降低温度，防止微生物的活动和生物化学变化；对植物性食品来说，主要是保持恰当的温度（因品种不同而异），控制好蔬菜水果的呼吸作用。

　　5）真空冷却的原理。

真空冷却是利用真空降低水的沸点，促进食品中水分蒸发，所需的潜热来自于食品本身，使食品温度降低而冷却。

6）常用的电解冻方法有哪些？

远红外解冻、高频解冻、微波解冻、低频解冻、高压静电解冻。

（5）绿色冷藏

绿色冷藏是采用一种不耗电和对环境无损害的冷藏方式。这种冷藏技术是通过利用外界冷量，不用电的情况下达到制冷的目的。例如，天然液化气在送到用户前，在气化时会产生大量的冷量，可以将天然液化气气化站与冷库结合建设，气化站得到了热量，冷库得到了冷量。随着人们生活水平的提高，绿色环保低碳的生活日益成为人们的追求目标，绿色冷藏能够保证生活必需品的保鲜运输过程的节能，受到越来越多人的重视，绿色冷藏的技术也将引领冷冻冷藏市场（见图4-6）。

▲ 图4-6　CO_2

（1）什么是冷链？

冷藏链（cold chain）：简称"冷链"，根据物品特性，为了保持其品质而采用的从生产到消费的过程中始终处于低温状态的物流网络。

例如对于食品而言，冷链指易腐食品从产地收购或捕捞之后，在产品加工、储藏、运输、分销、零售，其各个环节始终处于产品所必需的低温环境下，以防止污染、保证食品的质量、减少食品在流通中的损耗，为消费者提供高质量食品的特殊供应链系统（见表4-1）。

冷链分类　　　表4-1

名称	温度范围
冷却冷链	0 ~ 4 摄氏度
冻结冷链	≤ -18 摄氏度
超低温冷链	≤ -40 摄氏度

（2）冷藏链所适用的食品范围

初级农产品：蔬菜、水果；肉、禽、蛋；水产品；花卉产品。

加工食品：速冻食品；禽、肉、水产等；冰淇淋和奶制品；快餐原料。

特殊商品：药品。

（3）冷藏链的构成

食品冷链由冷冻加工、冷冻储藏、冷藏运输及配送、冷冻销售四个方面构成。

（4）冷藏链的作用

冷链在于能控制易腐产品的温度，确保其使用的安全性，保证消费者在购买时产品仍具有良好的品质。

由于冷链是以保证冷藏冷冻类物品品质为目的，以保持低温环境为核心要求的供应链系统。如果温度控制得不够准确，将会导致产品品质下降，例如颜色改变、微生物繁殖等。每一个冷链环节，都需要控制。仓库的月台上、运输途中、存储过程中、零售超市里，都很容易产生问题。冷链中的每个环节出错都会导致冷链断裂，影响到产品的最终品质。

冷链的作用就是通过一定技术手段，确保产品到达消费者手上时仍具有良好的品质。

（5）冷藏链物流

冷链物流泛指冷藏冷冻类物品在生产、储藏运输、销售，到消费前的各个环节中始终处于规定的低温环境下，以保证食品质量和性能的一项专业技术，它是以冷冻工艺学为基础、以制冷技术为手段的低温物流过程。

冷链物流应遵循"3T原则"，即物流的最终质量取决于冷链的流通时间、储藏温度和产品耐储藏性。"3T原则"指出了冷藏食品的质量与储藏时间、温度之间的关系。

由于一些企业不具备专业的冷链物流运作体系，也没有冷链物流配送中心，这些企业可与社会专业物流企业结成联盟，有效利用第三方物流企业，实现冷链物流业务。

（6）冷藏链机构

中国权威的冷链机构是中国物流与采购联合会——冷链物流专业委员会（简称冷链委）。

冷链委的业务范围和主要工作职能是：向政府相关部门反映行业的意见和建议，争取国家对冷链物流产业的政策支持和优惠措施；配合政府相关部门对行业进行指导，研究行业发展规律，促进行业健康发展；根据授权开展行业的市场信息统计、数据汇总和分析工作，对行业进行动态分析、市场预测，建立行业数据库，成为政府有关部门决策的参考；组织、参与冷链物流产业政策调研，向有关部门建议促进行业发展的相关政策，促进行业发展；积极组织各种人才教育、培训；积极开展国际交流，实施"走出去"战略，开辟国际市场；参与编制本行业标准，推进标准工作的贯彻实施；组织做好行业咨询评估、资质认定、知识产权保护、投融资及其他中介服务，促进行业健康、有序发展；组织各种会议、出版杂志或简报；承办政府相关部门委托的其他工作。

（7）冷藏链与消费者

在冷链中，消费者是极为重要的环节。从超市购买到食用前，食品的质量掌握在每个消费者手中。人们应该做到：

1）在超市到回家的过程中，尽量保持冷冻食品的温度。即使是在冷冻食品外加包一层牛皮纸对保持温度也是有利的。

2）尽量缩短超市到家的时间。

3）回到家后，应该将食品按每次食用量分割好，然后用保鲜袋包装后置于冰箱，尽量将保鲜袋内空气去掉。

4）上述过程应尽量在最短的时间内完成。

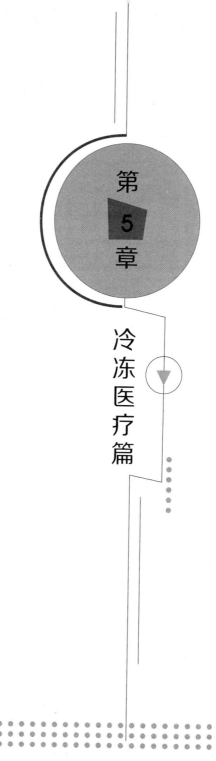

第

5

章

冷冻医疗篇

1　低温生物医学技术，你了解多少？

冷冻医疗是低温生物医学技术的一个重要分支，低温生物医学技术是低温生物学与低温医学的交叉与融合。

所谓低温生物学是研究低温对生物体所产生的影响及其应用的学科。它包括动植物对寒冷环境的耐性、冻伤及其防治、低温酶学、极地生物学、动物冬眠等；动植物细胞、组织的低温保存和移植；低体温医疗、低温杀伤异常组织；食品、药品的冷藏保存和冷冻干燥；还包括电镜生物样品的低温制备技术等。

低温医学是研究温度降低对人类生命过程的影响，以及低温技术在人类同疾病作斗争中应用的学科。它包括人体的冻伤和防冻、低温麻醉、低温脑复苏等；人体重要细胞、组织、器官的低温保存、移植及临床应用；利用低温手术器械杀伤异常组织如肿瘤等。

2　为什么冷冻医疗可以治疗疾病？

冷冻医疗是利用低温技术使生物体的细胞或组织缺氧、失温，产生营养及有毒物质的代谢障碍，进而导致其死亡。其中低温外科是它的重要组成部分，在医院的临床应用中最多。低温外科是一门以低温医疗器械作为手术治疗工具的临床医学，它可用于切除病灶或修复身体上的缺陷，以恢复和改善身体的机能。与传统外科相比，低温外科在临床上具有明显的应用优势：

（1）止血。由于低温作用可使血管收缩乃至凝结，止血效果好，可以显著减少手术的出血量。

（2）无痛。由于低温对神经末梢有麻痹作用，有助于阻断神经信号的传递，继而可减轻病人疼痛，这类手术甚至可以在无须麻醉的情况下进行。

（3）低温冷冻具有杀菌作用，低温手术的无菌条件好，能够有效减少手术后的感染。

（4）手术后血栓的形成和可能产生的免疫效应，有利于进一步持续地杀伤病灶细胞。

（5）低温手术可以和放疗、化疗相结合，取得更好的疗效。

3 关于低温生物医学在临床上的应用，你了解多少？

从20世纪70年代开始，世界各地的研究学者开始介入低温生物医学领域，虽然只有短短的数十年历程，但是成果是显著的，低温生物医学技术正如一颗璀璨的明珠从东方渐渐升起，不断的科研创新已经使部分的研究成果转化为应用产品，将永久地造福人类。

（1）什么是抑制疼痛的神经冷冻损毁疗法？

对疼痛部位实施冷冻并辅以药物，可阻滞神经传递，从而达到镇痛或去痛的效果。疼痛是最常见的一种临床症状，是由组织损伤或潜在组织损伤引起的一种不愉快感觉和情绪体验，它是生物体的一种基本功能。疼痛反应是机体对伤害刺激所产生的一系列病理生理反应，疼痛的产生对呼吸、循环、胃肠道、肾功能、肌肉功能、神经内分泌、炎症介质等均有影响。全国肿瘤疼痛调查报告显示，62%的癌症患者不同程度的疼痛，到晚期则增至70%～80%。据世界卫生组织统计，全球每年至少有500万病症患者在遭受疼痛的折磨。我国每年新增肿瘤患者160万人，他们中约有50%的患者呈中度至重度疼痛，而其中30%往往体现为难以忍受的剧烈疼痛。

（2）关于相变制冷冷冻医疗器械的奇妙世界，你知道多少？

1）便携式液氮治疗仪可采用接触冷冻（冻头置于病变表面轻轻加压冷冻）和插入冷冻（将针形冷冻头插入病变区，可以实现深层冷冻治疗），主要应用于皮肤病的治疗。

2）液态二氧化碳（干冰）冷冻设备治疗仪采用固气相变冷冻降温，主要应用于美容、骨折、烧伤、风湿和手术后康复等。

3）微创低温肿瘤治疗仪，利用相变冷刀在前列腺、肾脏肿瘤、妇科疾病等治疗中有广泛的应用。

（3）为什么在手术或治疗某些疾病中需要人整体及局部的低温麻醉？

低体温能使人体各重要组织的代谢速率降低、耗氧量减少，因而可以显著延长人体循环暂停的耐受时间。例如，在37摄氏度的体温时，若循环停止3分钟，脑组织会因血流供应中断缺氧而造成神经方面的严重损害，但若体温降至30摄氏度，脑组织的代谢速率仅为正常机体的70%，耗氧量降低，可耐受的循环暂停时间可延长达6分钟。因此，为适应治疗或手术的需要可使患者体温降低，这种办法被称为低体温医疗或低温麻醉。

人整体的低温麻醉的温度不能太低，因为当身体深层温度降至28摄氏度时，易诱发心律失常，特别是室颤。因此现代医疗技术常实行局部降温，即对人头部进行更低温的麻醉，然后再复苏。实验已经证明，在对人脑部进行低温麻醉的情况下，即使停止循环达数百分钟，复苏后也没有造成明显的脑损伤。

低温脑麻醉和低温脑复苏技术的进一步提高，必将给外科急诊中抢救心跳呼吸骤停的患者提供更有利的医疗条件和创造更好的疗效。

4 人体的细胞、组织等低温保存是怎么回事？

人体细胞、组织、器官的同种异体移植，是临床上救治重症病人的重要技术手段之一。目前，世界上每年大约有几千万病人，我国有几百万病人需要通过组织或器官移植。据统计，国际上器官供体来源20%来自活体近亲，80%来自死后捐赠。供需方在时间方面存在着很大的矛盾，即供体的捐赠和受体的临床移植之间存在着时间差，因此实现低温保存迫在眉睫。

低温能抑制生物体的生化活动。按粗略的估计，若生物体在4摄氏度的环境下能存活2小时，那么它在-40摄氏度的环境下能保存数日，在-80摄氏度的环境下可保存数月，而在-196摄氏度下可望保存几个世纪。大量实验已证明，经过一定程序的低温保存，细胞和组织在-196摄氏度可保存数十年，复温后进行检查，没有发现任何生化和功能上的变异。

经过数十年的研究，人们已经实现了许多重要细胞和组织的低温保存。到目前为止，低温保存的人体细胞和组织主要有：血液及某些组分、精子、胚胎、骨髓细胞、肝细胞、皮肤、角膜、胰腺组织、甲状腺旁体等，他们的移植成功已为临床医学带来了突破性的进展与经验。

（1）为什么人类要进行血液的低温保存？

全血和各种血液成分的低温保存，既可以解决供血、输血双方时间不同的矛盾，又可按照不同患者的要求提供不同的血液成分。例如烧伤和出血性休克病人主要需要血浆，贫血病人需要红细胞，缺乏血小板的病人需要血小板，而血友病人则需要血液中的某些凝血因子。

（2）为什么骨髓细胞的低温保存为癌症治疗开创了一种新的途径？

骨髓细胞的低温保存为癌症治疗开创了一条新的途径。治疗恶性肿瘤和白血病的常用方法是进行化疗和放疗，这种方法能杀死癌细胞，但同时也杀死了大量的造血"祖先细胞"——骨髓细胞，使患者的造血功能减退。从20世纪80年代起，医生们利用低温生物学的研究成果，先将骨髓细胞由患者体内取出，加抗冻剂后以特定的程序在低温下保存，接着对患者进行大剂量的化疗和放疗，杀死体内的癌细胞。放、化疗后再将低温保存的骨髓细胞复温，移植回患者体内，使其迅速恢复造血功能。这种方法已经在临床上成功应用，成为治疗癌症的一条新途径。

（3）你会对人体精子、胚胎及胰岛细胞的低温保存感到惊奇吗？

人的精子和胚胎的低温保存，可使许多患不育症的夫妇喜得子女，也有利于计划生育。

糖尿病是由于缺乏胰岛素引起的代谢性疾病，而胰岛细胞经胰腺组织的低温保存已经成为糖尿病患者的福音。人工流产夭折胎儿的胰腺，可以通过低温保存，然后移植到患者体内，释放胰岛素，使糖代谢得到稳定的控制和调节，从而使糖尿病得到治疗。

（4）你相信"人体冷冻复活计划"吗？

基于组织和器官的极度复杂性，目前为止有大量的重要组织和器官不能成功地低温保存。关于这方面的每一项进展，都引起国内外学术界的高度重视。总体说来，复杂组织和器官的低温保存并没有得到完全解决，还需要科研工作者进一步深入的研究。

不时有报道称国外已经有人实现整个人体的冷冻保存及复活；国内也有人扬言要筹资20亿搞所谓"人体冷冻复活计划"。对此，有人说是幻想，有人认为是商业炒作。到目前为止，心脏之类的复杂器官还不能实现低温保存，那么简单地把人放到–196摄氏度的液氮中低温保存，是不现实、不科学的。

5 科学家正在探索人体细胞冷冻干燥，它会来到我们身边吗？

如果能将人的细胞（如红细胞、脐血细胞等）进行成功的冷冻干燥，那么人们就可以将自己的细胞，通过冷冻干燥将其密封在玻璃瓶内，放在室温或冰箱中安全地保存数年或数十年。待急需时，只要复水就能复活使用。人细胞的冷冻干燥是目前国际学术界十分关心和积极研究的课题，但仍处于探索阶段，如果这种技术能研究成功，将具有十分重要的应用前景，并有望给临床医学带来重大的变革。但是人体细胞的冷冻干燥要比微生物和药物的冷冻干燥复杂得多，目前仍处于探索阶段，尚未取得临床应用。

从20世纪60年代起，就有科学家研究红细胞的冻干保存，经历无数次的失败，取得了初步成功。但到目前为止，冷冻干燥红细胞的恢复率仍然低于50%，说明血液细胞冻干的研究有待于进一步的深入。

关于血小板冷冻干燥的研究，也经历了大约40年，直到最近取得了突破性的进展。2001年，Wolkers等在血小板的冻干保存体系中添加了海藻糖，使得冻干血小板复水后达到了85%的存活率，目前国内尚无应用。

脐血中含有大量未成熟的造血干细胞，与成年人细胞相比，零岁婴儿未成熟的造血干细胞具有无污染、异体排斥反应小、免疫原性低等特点，而且其再生能力和速度是成年人的10~20倍。从2001年起，科研工作者对人脐带血、全血和单核细胞（MNC）的冷冻干燥进行了探索性实验研究，初步得到较好的结果。冷冻干燥后人脐血、全血（有核细胞）的恢复率为39%，细胞活性达89%；单核细胞的恢复率为75%，细胞活性达89%。对冻干后的脐血检测CD34+细胞进行抗体跟踪检测，得到的CD34+细胞恢复率为60%~68%。

6 药品和食品的冷冻干燥是怎么回事？

冷冻干燥技术是将富含水的物质在低温下冻结，然后在真空条件下，通过对冻干物料的加热，使冰升华成水蒸气，再在真空条件下加热，除去吸附水，得到干的制品。

相对地说，微生物、咖啡、牛奶的冷冻干燥技术比较成熟；水果、蔬菜的冷冻干燥出现时间较晚，与人们生活关系密切且具有高附加值；而生物药品的冷冻干燥是近十年来人们最关心、投入研究力量最多、最重要的应用领域。

现代药品大多是热敏性药品，即对高温特别敏感的药品。在生产热敏性药品时，为防止由于温度过高而使药品变性，影响产品的质量，目前广泛应用真空冷冻干燥技术。用冷冻干燥技术制造的药品，具有明显的特征：结构稳定，生物活性基本不变；药物中的易挥发性成分和受热易变性成分损失很少；呈多孔状，药效好；排除了95%～99%的水分，能在室温下或冰箱内长期保存。实际上，近年来开发出的生物药品大多是用冷冻干燥制成药剂的；而且冷冻干燥处于制药流程的最后阶段，技术水平对药品的品质起着关键作用。

冻干食品是高附加值产品，具有明显的优点：可保持新鲜食品的色、香、味；避免一般干燥方法易产生的营养成分损失和表面硬化现象；脱水彻底、重量轻，且能在室温下长期保存；复水性好和速溶性强；食用简单方便等。因此有人将冷冻干燥比喻为21世纪的食品加工技术。

然而冷冻干燥也有其缺点和难点：冷冻干燥过程费时长、耗能多；冷冻干燥过程的参数选择，对冻干制品的质量有着决定性的影响。随着冻干技术的提高，冷冻干燥设备的完善，冻干制品的质量将会不断提高，价格也会不断降低。

7 冷冻医学必备专业小常识

（1）冷冻医学常用的制冷剂有气态、液态和固态三种，其中以固态的干冰和液态的液氮最为常用。

（2）常用的气态制冷剂为：氧气、氮气、二氧化碳。须在100个大气压下利用节流冷效应制冷，最低可达到-100摄氏度。气态制冷剂的优点是无毒、价格低廉，缺点是制冷温度较高。

（3）液氮为国内外最常用的制冷剂，具有沸点低、不燃、无味、来源丰富等优点。

（4）冷冻疗法又称低温疗法，是肿瘤物理疗法之一。用迅速产生超低温的设备，在病变部位降温，使病变组织变性、坏死或脱落，以达到治疗肿瘤的目的。

（5）冷冻导致细胞损害的机制是通过冷冻对细胞的物理性损害、化学性损害和冷冻造成毛细血管的永久性损害，从而导致肿瘤细胞的死亡。

（6）冷冻导致细胞死亡和组织坏死的根本原因乃是一种综合性的冷凝固性缺血性坏死。

（7）不同细胞对冷冻损伤的反应不一，脑细胞最为脆弱，纤维细胞最能耐受冷冻。

（8）冷冻对细胞的物理性损害是通过冰晶形成和再结晶→细胞皱缩变形→细胞膜破裂→细胞解体。

（9）冷冻可使毛细血管栓塞→组织细胞的供应运输线被切断→细胞死亡。

（10）冷冻器械设备的组成：冷冻治疗机、探头、感温元件（如热电偶）、冷冻辅助品。

（11）冷冻治疗机的探头一般用银质制造，顶端为空腔，可持续储有液氮，故手术表面温度始终保持在-180摄氏度，医学上又称冷冻刀。

（12）冷冻辅助品是为了保护病变周围正常组织防止冻伤

的用品，如印胶、软塑料管、护垫等。

（13）冷冻的棉签接触法破坏组织的最大深度为3毫米，适用于皮肤、粘膜浅表的病损。

（14）冷冻医疗的温度相对变化较大，干冰的温度为–79摄氏度，液氮的温度为–196摄氏度。

（15）提高冷冻治疗的效果取决于足量的快速冷冻、缓慢的自然融化、立即重复冷冻三要素。

（16）足量的冷冻是指每次冷冻的冰线均应超过病损边缘2~10毫米。

（17）冷冻治疗的反应主要为冷冻融化过程中发生的疼痛和组织水肿。

（18）冷冻治疗的适应症：雀斑、痣、疣、部分浅层脉管性瘤、增生性瘢痕、癌前病变、浅表恶性肿瘤、小于2厘米的增生性疤痕与疤痕疙瘩、脉管性肿、黏膜白斑、乳头状瘤、糜烂性扁平苔藓、面部皮肤癌、唇癌、口腔癌、恶性黑色素瘤、腮腺癌等。

（19）超低温保存箱主要用于细胞、组织、遗传因子等的超低温保存。

（20）医疗用冷冻袋可在极低温、无菌、无毒状态下保持血液、体液及细胞浮游溶液，即使在液氮的温度为–196摄氏度下也不破损，具有充分的强度、耐寒性。

（21）低速（冷冻）离心机适用于放射免疫、生物化学、血液制品的分离。

（22）目前国内外临床实践证明低温医疗对皮肤科、五官科、口腔科、美容科、妇科、痔疮和体内组织杀伤癌细胞（切除癌瘤）、止痛等方面具有良好的疗效。

（23）利用液氮使局部病变组织反复冻融、使之坏死或变性而脱落，再经组织修复而达到治疗目的。

（24）低温冷冻医疗技术特点：冷冻术中、术后局部出血少、快速冷冻及冷冻后缓慢自然复温，对细胞具有更大的杀伤力，冷冻部位愈合后局部不留瘢痕。

（25）冷冻导致生物细胞死亡的主要原理有五大方面：

冷冻导致生物细胞死亡的主要原理之一：冷冻时细胞内外冰晶形成和冰晶的机械损伤。

冷冻导致生物细胞死亡的主要原理之二：冷冻时细胞外液逐渐浓缩，引起细胞内外渗透压差异，细胞内液外渗而致细胞脱水和皱缩。

冷冻导致生物细胞死亡的主要原理之三：细胞脱水、皱缩又可使电解质浓度升高，酶的活力亦受冷冻干扰，促使细胞中毒和损伤。

冷冻导致生物细胞死亡的主要原理之四：冷冻时细胞pH值降低，偏酸性，加剧了蛋白质变性。

冷冻导致生物细胞死亡的主要原理之五：冷冻能引起膜脂蛋白变性，从而使细胞膜破裂。

（26）冷冻治疗肿瘤的最显著特点是：操作安全、禁忌症少、组织反应较轻、可产生免疫作用、冷冻可防止手术中癌细胞的扩散、能最大限度地保持组织外形和器官功能等。

（27）在低温保存和冷冻医疗中使用液氮的要求：液氮要纯净，不能因引入杂质而堵塞冷冻器械的通道；为了保证液氮到达有效冷段前不在管路中被汽化，要求液氮有一定的过冷度，并要有一定的输送压力，这就要求杜瓦瓶有一定的耐压性。

（1）口腔常见的癌前病变是：白斑、扁平苔藓、黏膜色素痣、黏膜色素斑。

（2）口腔颌面部赘生物包括：痣、疣、乳头状瘤、血管肉芽肿、基底细胞癌、黑色素瘤等。

（3）面部常见的与美观有关的问题和可以采用冷冻治疗的是：雀斑、老年斑（晒斑）、痣、疣等。

（4）针对白斑的治疗有：手术切除、激光切除、冷冻等，其中对于首次就诊的病例应该考虑采用冷冻治疗。

（5）对于口腔腮腺部位的恶性肿瘤如有怀疑肿瘤侵犯面神经的可考虑采用术中液氮灌注冷冻的方法处理，以保存面神经的功能。

（6）面部的良性病变应用冷冻治疗时可以不做局部麻醉，直接治疗。

（7）面部的皮肤和黏膜的病灶经低温治疗后的反应有：水疱、结痂、坏死、脱落。

（8）患者经过冷冻治疗后的最早期的反应是：相应部位的牵涉痛、轻度肿胀、充血、甚至有血疱形成。

（9）口腔患者在冷冻治疗前要排除的禁忌症有：高血压、严重的心脏病、青光眼、血液系统疾病、肝、肾功能异常等。

（10）冷冻治疗后保持气道通畅的方法是：药物预防、临床观察、预防性气管切开。

（11）糖尿病患者的冷冻治疗应注意：术前采用预防性抗生素、术中注意隔离消毒、术后补液注意降糖药物的适当应用。

（12）冷冻治疗后组织发生坏死脱落的时间通常是2～3周，这时应该注意观察的是有无出血。

（13）通常冷冻后的7～10天，创面会有少量渗血，属正常现象；但是在冷冻后2周左右发生的较大出血要考虑有血管破裂的可能。

（14）在实施舌体的冷冻治疗时，患者常告诉医生有耳颞部的疼痛，这是所谓的牵涉痛。

（15）冷冻治疗后组织发生肿胀的最严重的程度要引起关注，这常常发生在冷冻后的72小时左右的阶段。

（16）一般冷冻治疗后会有一段时间的疼痛，但是日益加重的疼痛要考虑继发感染的可能。

（17）冷冻治疗与激光治疗相比，冷冻治疗的特点是：疼痛较轻、无需对病灶切除、无须拉拢缝合等。

（18）冷冻治疗的另一些特点是：可以实施冷冻活检，出血少，不引起肿瘤的扩散。

（19）患者经过冷冻治疗后的最佳进食时间为术后2～3小时。

（20）当有多个病灶需要冷冻治疗时，两次的治疗间隔一般要求保持在1～2个月。

（21）冷冻治疗后医生要求的复诊时间一般是1～2周，主要是观察坏死组织的形成和有无脱落并进行必要的处理。

（22）经过口腔部位的冷冻治疗后，患者饮食上要注意的原则是：尽量主动进食、尽量避免进食较硬的食物、避免进食刺激性食物。

（23）口腔癌前病变的预防措施有：避免进食刺激性食物、不食槟榔、拔除尖锐的残冠、残根（牙）、注意有无溃疡不愈的情况等。

（24）冷冻对于黑色素类疾病的治疗较好的原因是：色素细胞对于低温特别敏感。

（25）冷冻治疗也可应用于小儿的血管瘤，但是不能应用于血管畸形的治疗。

（26）低温治疗的常见情况中有采用冷冻麻醉的止痛方法，优点是起效快，副作用小；缺点是容易造成止痛部位的被动性创伤。

（27）冷冻治疗属于低温治疗，而激光治疗属于较高温度的治疗。

（28）在对老年患者进行冷冻治疗时还要考虑低温处理过程中对邻近血管的影响，如发生血管痉挛和血栓形成，引起心、脑部位的梗阻等。

（29）面部的美容治疗虽然可以应用冷冻治疗，但是由于新的激光治疗技术的诞生，由于激光治疗的直观性、准确性和愈合的快速性，因此冷冻治疗的应用范围在缩小。

（30）现代美容治疗中将激光方法与冷冻技术相结合，降低激光治疗的疼痛和热损伤，例如一种叫"动态冷却技术"的普遍应用。

（31）口腔黏膜病变经过冷冻治疗以后的组织修复的特点是：瘢痕极少、功能影响小、不易复发等。

（32）对于口腔癌的早期治疗，冷冻治疗具有优势，口腔癌的治疗原则是：手术、放疗、化疗、生物治疗等综合治疗。

（33）临床上在冷冻时要保持良好视线的目的是：防止制冷剂的气雾直接冻伤周围组织，保持良好的手术视野。

（34）医生在进行直接法冷冻时要戴好防护手套，患者在冷冻的治疗中也应该注意避免误伤。

（35）冷冻治疗相对于手术和激光治疗的一个优点：激发机体的局部免疫反应，有利于预防病灶的新生和复发。

（36）如果患者在进行冷冻时发生了不必要的组织误冻时，可采取的补救措施：用酒精棉球快速地接触和搽洗，有助快速复温。

（37）对于冷冻病灶周围的组织最好的防止误冻的措施：保持干燥的表面、及时的吸引。

（38）观察冷冻后患者的不良反应要注意：术后的肿胀、气道的通畅、出血的情况、有无发烧等。

（39）如遇到患者在经冷冻治疗后出现反复的咳嗽，要注意气道的冻伤可能。

（40）一般的冷冻治疗无须住院，但是对于舌根、口底等部位和年老体弱者要求住院。

（41）面部经过冷冻美容治疗后，3～5天内要注意避免接触水，以防止感染。

（42）痣的种类较多，有色素痣、黑毛痣、蓝痣、太田痣等，其中蓝痣冷冻效果最佳。

（43）同样是舌体的病灶，婴幼儿的冷冻治疗要谨慎，因为小儿不易作预防性气切术。

（44）冷冻治疗对于复发的口腔癌前病变不是最佳选择，复发病灶采用激光治疗是首选。

（45）进食冷饮不当也会发生误伤的情况，主要考虑的是上消化道、口腔的损伤。

（46）冷冻对于口腔黑色素瘤的原发灶有特效，但是患者还要再接受手术淋巴清扫、化疗、免疫治疗等。

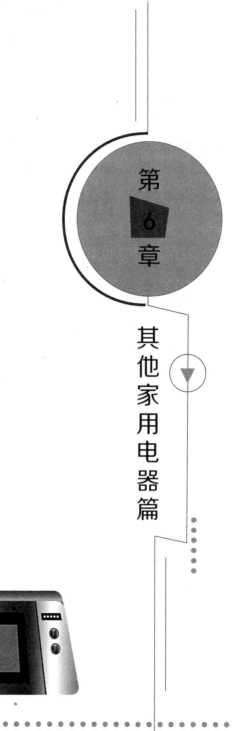

第
6
章

其他家用电器篇

（1）如何选择热水器

要选择容量合适的热水器，应依据家庭人口数量和用水习惯等因素进行选择。因为容量越大，热水器的耗电量也越大，所以仅从经济角度考虑，热水器的容量不是越大越好。此外，购买电热水器时还应从品质、信誉以及保温和防结垢效果等方面综合考虑。

（2）电热水器

电热水器以电热作为热源加热水，是目前技术成熟度最高、市场上产品最多的热水器，使用电热水器应该注意以下几点：

1）适当调节温控器的度数，夏天可以将温控器的度数调低，这样使用电热水器可达到最佳的省电效果。一般来说生活热水45摄氏度就够了，每个人淋浴大致需要水量在30升左右，如果电热水器容量小，对应热水用量大的话，则需要适当调高热水温度。

2）为达到省钱的目的，对于具有峰谷电差价的用户应尽量在用电低谷时调高电热水器的设定温度，可选用带有时间设定功能的电热水器。

3）就节能方面考虑，淋浴比盆浴更节约电量和水量，可节省约三分之二的费用。

4）如果不经常使用热水，建议在使用热水前一个小时开启电热水器，用完后及时关闭电热水器。这样可以减少不必要的耗电量，从而为您省电。

5）如果每天在固定的时间使用热水，建议购买配有定时加热功能的热水器。

6）如果经常使用热水（例如厨房和卫生间共用一台热水器，洗澡、洗碗、煮饭都用同一台热水器的热水），建议将电热水器保持在开启状态，因为热水器有一定的保温功能，只需要根据使用热水的频率和使用量调节温控器的温度，即用量大时将温度调高，用量小时将温度调低，这样也可以达到省电的效果。

7）以上介绍的是储水式热水器。目前还有一种即热式热水器，它没有水箱，只有当用热水时，它才加热。优点：即开即用，消除了储水式热水器保温时浪费的热能。缺点：加热功率偏大，需要电表有较大的电流输出。有一种厨房用的洗碗、洗菜的即热式电厨宝，功率适中，2～3千瓦左右，比较实用。

（3）燃气热水器

燃气热水器又称燃气热水炉，它是指以燃气作为燃料，通过燃料燃烧加热的方式制备热水的一种燃气用具。选购燃气热水器时应该注意以下几点：

1）选购与家庭使用燃气种类一致的燃气热水器。消费者要弄清家庭使用的是何种燃气气源，如液化石油气、天然气、人工煤气。不同的燃气气源对应不同燃气种类的燃气热水器产品，不可混用。

2）选购适合自家住房建筑要求的燃气热水器。由于各种类型的燃气热水器对安装有不同的要求，因此消费者在选择时必须注意。如烟道式燃气热水器不得安装在浴室内，可以安装在通风条件较好的厨房里，但必须安装通向室外的废烟气排放烟道，由于抗风能力较差，所以高层住宅不适宜安装，此类热水器的安全性较差，上海地区已禁止使用。而平衡式、强制给排气式燃气热水器抗风能力较强，安全性能更高，适用的范围更广一些。

在使用燃气热水器期间，可以定期请专业人员对热水器的热交换器、燃烧器等部件进行清理和维护，使其保持良好的工作状态。

1）经常检查供气管道（橡胶软管）是否完好，有无老化、裂纹。注意定期更换橡胶软管，经常用肥皂水在软管接驳处检查有无气泡出现，判断是否漏气。当燃气热水器发生漏气、漏水等故障时，应立即通知燃气公司和专业维修部门进行检修，不能擅自拆卸。

2）经常检查排烟管，保持烟道畅通，严禁堵塞烟道。

3）水质较差地区，为了减少管路水垢，加热水温不宜太高，用完热水器后，先关闭燃气阀，继续保持热水龙头开启，让器具内的热水流出，待其流出冷水后，关闭热水龙头。

4）防冻措施：长期不使用的热水器，当环境气温可能降至0摄氏度以下时必须进行排水防冻。

5）不应使用超过判废年限的燃气热水器。根据国家标准《家用燃气燃烧器具安全管理规则》的规定，燃气热水器从售出当日起，人工煤气热水器的判废年限为6年，液化石油气和天然气热水器判废年限为8年，如生产企业有明示的判废年限，应以企业明示为准，但不能低于以上规定。

（4）太阳能热水器

太阳能热水器将太阳光能转化为热能，将水从低温加热到高温，以满足人们在生活、生产中的热水使用。太阳能热水器按结构形式分为真空管式太阳能热水器和平板式太阳能热水器，在选购家用太阳能热水器时，应注意以下几点：

1）热性能指标中，"日平均热效率"越高越好，"平均热损系数"越低越好。

2）注意观察真空管内玻璃管上的选择性吸收涂层，由于各厂家制作工艺不同，质量好的涂层颜色均匀，膜层无划痕、无起皮或脱落现象，玻璃上也没有结石或节瘤现象，支撑内玻璃管的支撑件放置端正、不松动。

3）在一些日常风力较大的地区，尤其是沿海地区，在选购家用太阳能热水器时还应注意该产品在设计上是否有抗风能力。

4）很多产品标称的容水量是将每根真空管的容量和水箱内胆容量相加计算出来的，但其实在热水器出水口以下及真空管内的水是无法放出来使用的，用户真正能使用到的水仅仅是出水口和水箱液面之间的水量，所以在选购时应弄清标称的容水量指的是全部的容水量还是实际能使用的容水量，两者相差多少。

太阳能热水器在使用和保养时应该注意以下几点：

1）定期进行系统排污，防止管路阻塞；并对水箱进行清洗，保证水质清洁。

2）定期清除太阳集热器透明盖板上的尘埃、污垢，保持盖板的清洁以保证较高的透光率。清洗工作应在清晨或傍晚日照不强、气温较低时进行，以防止透明盖板骤冷碎裂。

3）防止闷晒。循环系统停止循环称为闷晒，闷晒将会造成集热器内部温度升高，损坏涂层，使箱体保温层变形、玻璃破裂等现象。造成闷晒的原因可能是循环管道堵塞；在自然循环系统中也可能是冷水供水不足，热水箱中水位低于上循环管所致；在强制循环系统中可能是由于循环泵停止工作所致。

4）为延长太阳能热水器的使用寿命，用户在使用过程中应注意：热水器安装固定好了以后，非专业人员不要轻易挪动、卸装；热水器周围不应放杂物，以消除撞击真空管的隐患；定期检查排气孔，保证畅通；定期清洗真空管时,注意不要碰坏真空管下端的尖端部位；有辅助电加热装置的太阳能热水器应特别注意水箱液位，防止无水干烧。

对于阴雨天气多的地区，例如每年太阳较好的天数低于250天，或者日照不足的高层住宅，如果采用电加热器辅助加热的太阳能热水器，一般耗电量较大，用户应该考虑采用更加节能的空气源热泵热水器。

（5）热泵热水器

1）热泵热水器的工作原理

目前市场上的热泵热水器主要是空气源热泵热水器，广告中被称为"空气能"，实际上空气源热泵热水器需要消耗电力，它采用热泵原理，制冷剂液体工质在低于空气温度5摄氏度以下的条件下从空气中吸收低品位的热能蒸发，经过压缩机压缩，低温的制冷剂蒸汽被压缩为高温高压的蒸汽，其冷凝热可以作为加热热水的热源，冷凝后形成的较高温度和压力的制冷剂液体，通过节流装置（毛细管、膨胀阀等）节流成为低温低压的气液混合物，这个低温液体又重新回到热泵蒸发器中吸热蒸发。往往消耗1份的压缩功（电力），可以从外界空气环境中吸收3份的热能，因此空气源热泵热水器的加热效率可以达到4。

2）空气源热泵热水器的优势

①安全：由于它不是采用电热元件直接加热，故相对电热水器而言，杜绝了漏电的安全隐患；相对燃气热水器来讲，没有燃气泄漏，或一氧化碳中毒之类的安全隐患，因而具有更优越的安全性能。

②省电：由于其耗电量只有等量电热水器的四分之一，热水用量相同时，使用空气源热泵热水器，电费只需电加热的四分之一。以一个4口之家来计算，正常热水使用量在200升/天左右，用电热水器加热，电费大约需要4元/天，而空气源热泵热水器则只需要约1元/天，一年可以节约1000元左右的电费。

③绿色环保：燃气热水器通过燃烧可燃气体加热热水，同时排放大量的二氧化碳、二氧化硫、氮氧化物、颗粒物等有害废气。空气源热泵热水器只是将周围空气中的热量转移到水中，在加热过程无排放，对环境几乎不产生影响。

④低碳时尚：在节能减排已经成为时代潮流的今天，节约能源，减少碳排放是最时尚的生活方式。空气源热泵热水器采用的是逆卡诺循环原理，将空气中的能量转移到水中，不是直接用电热元件加热，因此其能效可达到电热水器的4倍，即加热等量的热水，耗电量相当于电热水器的四分之一，大大节约了电力的消耗。中国的电力70%是通过火电厂燃煤产生的，节约电力意味着减少碳的排放。

⑤智能控制：机组由微电脑控制自动运行，根据水箱水温和用户用水情况，自动启停，无需专人值守。

3）空气源热泵热水器的维护与保养

①空气源热泵热水器机外安装的水路过滤器应定期清洗，保证系统内水质清洁，以避免机组因过滤器脏堵而造成主机

损坏。

②机组内所有安全保护装置均在出厂前设定完毕，切勿自行拆装或调整。

③经常检查机组的电源和电气系统的接线是否牢固，电气元件是否有动作异常，如有应及时维修和更换。

④检查机内管路接头和充气阀门是否有油污，确保机组制冷剂无泄漏。

⑤当空气源热泵热水器实际出水温度与机组控制面板显示数值不一致时，请检测感温装置是否接触良好。

⑥空气源热泵热水器主机冷凝器清洗，建议每两年使用50~60摄氏度、浓度为15%的热磷酸液清洗冷凝器，启动主机自带循环水泵清洗3小时，最后用自来水清洗3遍。禁止用腐蚀性清洗液清洗冷凝器。

⑦空气源热泵热水器水箱需在使用一段时间后（一般为3个月，具体根据当地水质而定）清洗水垢和脏物。

4）热泵热水器的市场现状及前景

虽然空气源热泵热水器相对于前三种热水器（燃气热水器、储水式电热水器、太阳能热水器）更节能环保，可是现在国内市场上，电热水器和燃气热水器依然占有着绝大多数市场份额，热泵热水器市场占有率只有1%~2%。究其原因，主要是热泵热水器价格偏高，一台电热水器一般在2000元左右，而一台家用热泵热水器至少4000元，200升水容量的热泵热水器价格就达到了7000元左右，一般消费者从一次性投入上考虑，不容易接受热泵热水器。

然而热泵热水器的市场发展前景是很乐观的。国家发改委、财政部等部门联合发布了空气源热泵热水器的推广实施细则，明确从2012年6月1日起至2013年5月31日，消费者购买空气源热泵热水器可享受每台300元至600元的财政补贴。空气源热泵热水器首次纳入国家节能补贴就获得最高补贴额度，一方面表明空气源热泵热水器的节能性能得到了进一步认可，另一方面也预示着行业发展即将步入爆发期，市场规模有望快速增长。2013年5月底，空气源热泵节能补贴政策到期，空气源热泵行业进入完全市场化竞争的时代。专家预计，未来几年，中国市场空气源热泵热水器的销售比率将达到40%。

2 电视

（1）如何挑选适合自己家用尺寸的液晶电视？

电视，可以说是人们日常生活中最常用到的电器。而液晶电视，现在可谓是占领了电视的主流。许多想购买液晶电视的朋友都会有同样的疑问：到底该选择多大的液晶电视才适合自己的需要呢？对于这样的问题，其实并没有完全统一的最佳答案，因为考虑到不同人的喜好不同、居室环境不同、消费预算也不同，所以很难一概而论。这里总结几点建议供大家参考。

1）根据居室环境考虑合适尺寸

除了经济能力以外，很重要的一点就是要结合实际的居室环境来确定房间的容纳限度。面对眼下急剧暴涨的房价，每一尺空间都来之不易，客厅卧室的家具摆设并非完全可以随心所欲。好不容易买了台新的大屏幕电视回家，发现就差那么一点位置摆放不下。因此，对于居室不算宽敞的朋友，在此有必要提个醒，买电视机之前先量量家里最大限度可以放多宽、多高的电视。

2）根据空间大小来选择屏幕尺寸

倘若地方足够大，能够选择的范围自然就相对宽松一些，这时候就可以根据观看距离来大概估算一下哪个尺寸级别的机型相对合适，能够在长时间观看的情况下，既不会因为屏幕太小而画面不清晰、字体不明显，也不会因为屏幕太大而造成太强的压迫感、视力紧张、用眼过度。笔者建议打算购机的朋友最好是到家电卖场亲自体验一下，在距离相当的条件下对固定一台电视试看10分钟左右，以确定自己能够接受的屏幕尺寸大小。

这里提供一组不同观看距离对应适合尺寸屏幕的数据供参考（见表6-1）。

液晶电视观看距离和屏幕尺寸对应关系　　　表6-1

16:9 宽屏比例，20° 视角	
观看距离（米）	屏幕尺寸（英寸）
1.7	26
2.0	32
2.5	37
2.8	40
3.0	42
3.5	46～47
4.0	50

3）根据消费预算

购买大件家电产品之前，多数人都要先问问自己的钱包承受能力。要先清楚在自己消费预算范围内可以买到什么样的产品。

（2）家庭电视的节电措施有哪些？

对于小功率家电如电视，比起大功率家电来讲，总体功率耗电量较小，但是如果使用不当一样存在不必要耗电，例如关机不关机顶盒等外设电源一样给家庭造成能源和经济浪费。用一台万用电表就可以测试出各种设备的待机耗电功率以及不断电源时的耗电功率。

现代家庭拥有各种家电，开关家电比较烦琐，既要使用方便又要省电就是一件较矛盾的事情。据调查，在数字电视普及的情况下，原有电视主机配置了一个转换机顶盒，在开闭电视机时需要手动开闭电视机和机顶盒电源，如果想进行K歌、播放DVD和音响也需要手动开闭开关。由于这一连几个开闭动作很烦琐，因而好多人习惯不拔插头、不关电源，造成不必要耗电。可见，最主要的节能措施就是要减少电视等设备的待机时间，养成随手关机的习惯。

（3）液晶电视常用的维护与保养措施有哪些？

1）避免液晶电视连续、长时间工作。不看电视的时候最好关闭显示器，或者降低其显示亮度。另外，长时间地显示一个固定的画面，可能导致某些屏幕像素过热，进而造成内部元器件老化或烧坏。看碟片的时候，碰巧有事情需要走开，有些朋友习惯按下"暂停"键，这对于屏幕的损害其实是很严重的。

2）注意保持电视机的干燥。电视机电气元器件用量很高，潮湿的环境中虽然也可以工作，但只能说是"照常工作",而不能说是"正常工作"。毕竟潮气会降低电路绝缘性能,严重时造成短路和漏电。所以,即使长时间不看电视也最好定期开机通电,让显示器工作时产生的热量将机内的潮气驱赶出去。

3)一定要正确清洁液晶电视屏幕。如果屏幕脏了,最好使用专业的清洗剂。当然,用蘸有少许水的软布轻轻擦拭也是可以的,但是水量不要过大,水进入屏幕后会导致屏幕短路。如果发现屏幕上有雾气,应先用软布将其轻轻擦去,然后才能打开电源,擦拭时请顺同一方向擦拭。

4)在日常使用中要避免冲击屏幕。液晶屏幕十分脆弱,要避免强烈的冲击和震动,尤其是提醒家里有小孩的家庭特别注意这一点,不要让小朋友拖拽液晶电视,这对于小朋友会有危险。

5)如果电视出现问题,即使在没有接通电源的情况下,也不要自己拆卸LCD。因为虽然已经关闭了很长时间,但电视的背景照明组件中的CFL换流器依旧可能带有大约1000伏的高压,能够导致严重的人身伤害。另外,错误的拆卸操作也有可能导致显示屏暂时甚至永久的不能工作。如果电视出现问题,一定要去厂家正规维修点修理。

3　电磁炉

(1)如何挑选适合自己家用类型的电磁炉?

1)功率

目前,市场上的电磁炉最高功率通常均在800~1800瓦之间，并分成若干档。功率越大，加热速度则越快，但耗电也越多，售价随之而越贵。因此，选购时应根据用餐人数以及使用情况而定。一般来说，2人以下家庭选1000瓦左右；2~4人选1300瓦左右；4~6人选1600瓦为宜；6人以上选1800瓦的电磁炉就能满足要求。

2）保护功能

检查自动检测功能是否工作正常。该功能是电磁炉的自动保护功能，对电磁炉来说此功能的作用很重要。购买时，应注意实测。方法是：在电磁炉正在工作的状态下移走锅具，或在炉面上放置铁汤勺等不应加热物，按该电磁炉说明书的检测时间要求来观察此功能是否能报警或自动切断电源。

3）功能选择

在选购适合自家使用的电磁炉时，在功能选择上应该注重以下几点：

①是否具备自动功能？

②是否有方便可调的时间控制功能？

一台设计优良的电磁炉，会综合目前家庭的实际使用状况，具备一些人性化的时间控制功能。无须专人看管，省时省电地帮您做家务。

4）使用环境

因各地区域的使用环境差异不同，所以在这里提醒您选购时，需要根据自己居家环境选择环境适应性强的电磁炉，一般需要考虑以下几个方面：

①供电环境：不同区域供电电压的波动性是不一样的，在某些区域的偏差达到30%~40%，好的电磁炉应该能够适应

各种不同的电压状态，避免发生买了电磁炉还要买一个变压器的尴尬事。

②区域气候：我国南北温差较大，在选购时还需要注意了解产品的气候适应性。比如正常使用时的最低/最高温度要求，还有就是产品对使用环境的温度范围要求。

5）操作简便

电磁炉的操作是否简便，需要着重观察以下两方面：

①显示界面。电磁炉的外观界面上是否具有清晰直观的工作指示灯；定时功能、温度控制和功率选择等需要经常调整的功能是否有可视化的数字显示；以便使用时能够方便的设置。

②按键。设计考究的电磁炉的面板上均会配有一定数量的一键通自动功能和简便易用的功能按键，方便快速选择。

（2）常用的电磁炉的节电措施有哪些？

电磁炉与普通的电炉具相比，省电节能是其最大优势，而只有使用得当，才能达到省电节能的目的。为了快速烹饪食物，又能节约电能，介绍三点使用电磁炉的技巧。

1）选用电热转换效率高的锅具。电磁炉是利用电磁感应原理，使能导磁的金属体在交变磁场中产生感应电流，进而产生热效应，从而达到烹饪食物的目的。所以，电磁炉应使用导磁性能较好的材料制成的容器，如铁锅、不锈钢锅等。当然，含有一部分铁的锅也能加热，只是效果不如含铁成分较多的锅具。因此，在选购锅具时，以选含铁量多的，且应是平底的，其底面积与电磁炉炉面面积相吻合为好。这样，电磁炉热效率转换最高，烹调速度自然就快。

2）选购电磁炉用锅时，可使用一块小磁铁，以便验证锅的含铁量，吸力越大，锅的含铁量越高。加热食物要讲究方法。需要多少食物就加热多少，特别是在烧水、做汤等时更要注意。另外，做汤时锅内如有短时间难煮熟的食物时，加热开始时应少放一点水，待食物熟后再加足汤水。

3）合理使用各档功率。大功率的电磁炉加热速度快，但耗电量也大。刚加热时，先用大功率档。开锅后如无特殊要求，应及时把功率档调小。

（3）电磁炉常用的维护与保养措施有哪些？

1）电源要求

①使用电磁炉必须使用各项技术指标符合标准、带地线的三孔插座（最好选用有CCC标志的产品），绝对不可自行换用没有地线的两孔插座。

②插座不要位于电磁炉的正上方，防止热气上升烧烫电源。

③若有易使电流发生骤变且使用较为频繁的电器，如电焊机、冲击钻、电锤等或其他高功率用电器，如电热水器、空调等与电磁炉使用同一路供电，则较易损坏电磁炉，最好使用带有过流保护装置的插线板或选用稳压电源。最好不同时使用或尽量不在电磁炉工作的同时开关其他大功率家用电器，以免损坏电磁炉。

2）电磁炉的散热

电磁炉工作时机体内部存有一定的温度，为使电磁炉正常工作，并发挥更好的作用，延长其使用寿命，这部分热量要及时地排放出去。所以尽量将电磁炉放置在有利于空气流通及散热的位置。

3）电磁炉的清洗

①擦洗前先拔掉电源线。

②面板脏时或油污导致变色时，请用去污粉、牙膏或汽车车蜡擦磨，再用毛巾擦干净。机体和控制面板脏时用柔软的湿抹布擦拭，不易擦拭的油污，可用中性洗洁剂擦拭后，再用柔软的湿抹布擦拭至不留残渣。

③切勿直接用水冲洗或浸入水中刷洗。

④经常保持机体的清洁，以免蟑螂、昆虫等进入炉内，影响机体使用。

⑤吸气/排气罩可拆卸，用水直接清洗或用棉花棒将灰尘除去，也可用牙刷加少许清洁剂清洗。

 4 电脑

（1）如何选择电脑

科技飞速发展，电脑更新换代的速度也越来越快，但是，配置高意味着价格高、耗电量大，所以，应根据个人需求，选择适当配置的电脑。笔记本电脑在很多方面优于台式机，不仅便携，占用空间少，并且相同配置情况下，比台式机更节能，所以经济条件允许的情况下，可以选择购买笔记本电脑。

（2）电脑的省电小窍门

1）设置合理的"电源使用方案"。短时间不使用电脑时，可以设置电脑自动关闭显示器；如果不使用的时间小于一小时，可以将电脑"待机"；如果超过一小时不使用电脑，最好将电脑"关机"。这样做不仅能够达到省电的目的，还可以延长电脑和显示器的寿命。

2）用完电脑后要将电脑正常关机，并且关机后切断电源，即让电脑彻底断电，而不是让电脑一直处于通电状态。

3）及时关掉不使用的外接设备（音箱、打印机、扫描仪等）。

4）调整显示器至合适的亮度。当使用电脑进行文字编辑（打字、聊天等）时，屏幕暗一些不仅可以节能，还能保护视力，缓解眼睛的疲劳程度。当使用电脑播放单一的音频文件（音乐、小说等）时，可以将显示器关闭。

5）屏幕保护设置得越简单越好，因为电脑运行复杂的屏幕保护程序可能会比正常使用时耗电量更大。最省电的情况是设置纯黑背景的屏幕保护程序。

6）如果需要使用光驱播放CD或者DVD光盘，可以先将光盘里面的内容复制到电脑硬盘里面，而不是直接使用光驱播放，因为高速运转的光驱耗电量大。

7）可以在BIOS或者设备管理器里面禁用暂时不用的接口和设备（串口、并口、红外接口和蓝牙等），这样可以节省一部分电能。

8）电脑需要定期除尘和保养，主机积尘过多会影响散热效率，显示器积尘过多会影响亮度，从而消耗更多的电能。

---

5 手机

（1）如何选择合适的手机

如今，随处可见的手机卖场给消费者带来购机便利的同时也带来了选择上的烦恼。从哪里购买手机成了大多数消费者的最大疑惑。是选择专卖店？还是选择运营商营业厅？选择电子商务平台？或者选择在大中型商场购买？专卖店对厂家产品的了解最深入，附件也最齐全，售后服务最完善；而营业厅购机，虽然价格较贵，但是其进货渠道正规，售后服务技术实力强，一样让人放心；大中型商场购机有售后质量保证条款，也是不错的选择。目前，网上零售店价格相对较低，很多消费者愿意选择网购手机。如果您是在一般网上零售店购机，建议您一定要确认该店是否具有电信行业管理部门颁发的"移动通信终端经销许可证"和无线电管理部门颁发的"销售许可证"。同时，还要尤其关注其手机配置和配套的售后服务是否与专卖店的相一致。

这里我们给您介绍一个辨别翻新机的方法。在您选定购买的手机上输入"*#06#"，手机屏幕上会显示出一个IMEI号码。将它与手机背后（电池取出后可看到）的IMEI号码以及手机包装盒上的IMEI号码、机打发票上的IMEI号码相比对。如果四码一致，那么可以认为该手机不是翻新机。

（2）手机常见故障、产生原因及解决办法

故障一：手机不能开机

1）电池没充电，需要充电；

2）电池放置不正确，电源没有接触上，需要正确放置电池；

3）电池与机身触点不清洁，致使接触不良，需要清洁、干燥。

故障二：手机不能通话

1）在网络覆盖区以外，回到覆盖区才能通话；

2）在屏蔽区内如高楼中、地铁中，离开屏蔽区才能通话；

3）使用了"呼叫禁止"功能，取消该功能即可。

故障三：SIM卡不能工作

1）SIM卡插入不正确，需要正确插入；

2）金色的芯片部分受损伤，需要到运营商营业厅重新换卡；

3）SIM卡及电话的触点不干净，需要用防静电的布清洁。

故障四：电池不充电

1）充电器与电池连接不正确，需正确连接；

2）充电器或电池的触点不干净，需要清洁、干燥；

3）电池已老化，需要换新电池；

4）电池故障，致使一充即满，需要换新电池。

故障五：有时不能取消呼叫转移或呼叫禁止

在盲区、屏蔽区、弱信号区不能使用该操作，到信号正常覆盖即可。

（3）手机的维护与保养

1）使用手机套。

手机套就好像是手机的一件外衣。使用手机套不仅可以有效减少使用中对手机外壳的磨损，而且发生意外时能够在很大程度上减轻对手机造成的伤害。当然，给手机套上这层"外衣"并不能保证规避所有意外情况对手机造成的损害，使用时仍需小心爱护。另外，选择购买手机套时，最好是能选择使用原装或正规品牌，以防手机套与手机外形的偏差影响手机功能的使用。

2）注意手机的防水。

使用手机时，水汽很容易透过手机的细缝或小孔渗入，从而侵蚀电路板。建议尽量不要在雨中或在浴室内使用手机。需要提醒您的是：随时间的积累，水汽对电路板的侵蚀不断加重。如果弄湿手机后没有及时干燥，等到故障出现时，已经很难再进行有效处理了。

3）正确的携带手机。

好的手机携带习惯可以使手机"延年益寿"，反之，一些不好的携带方式则会导致手机损坏几率大增。比如说，很多人喜欢把手机放在裤子后面的口袋里，很容易在坐的过程中压到手机。这种损坏如果在使用中加以注意，都是能够避免的。

4）让手机远离铁屑环境。

手机喇叭本身具有磁性。如果让手机经常接触有铁屑的环境，手机喇叭出声孔会吸入铁屑，然后附着在喇叭薄膜上。这样的话，就会造成手机听筒声音变小，甚至会出现手机听筒听不到的情况。

5）注意电池的保养。

随着消费者对通信需求量的增加及手机各种新功能的出现，手机电池的耗电量也大幅增加，如何使用及保养手机电池就显得尤为重要。

①注意新电池充电时间。过长时间的充电不但不会产生好的充电效果，反而会造成电池保护电路和充电器的快速老化，甚至提前报废。

②谨慎选择充电器。手机充电时，最好选择手机原装的

充电器。使用兼容的充电器充电的时候要注意，充满就要断掉电源，以免过充损坏电池。

③锂电池不能放电。锂电池没有记忆效应，不需要放电。当电量快要不足时应当及时充电。如果锂电池过度放电，将造成永久损坏，无法继续使用。

④不要等到自动关机再充电。锂电池不要等到自动关机再充电，长期这样操作将影响电池寿命。如果手机电池检测电路存在误判而让电池过放电，可能会造成电池报废。

（4）手机充电三误区

关于手机充电的说法不一，"手机电池应该用光了之后再充电"、"过度充电电池会爆炸"等问题众说纷纭，一些充电误区经常弄得人们一头雾水。那么，如何才能正确充电，既保证安全，又能延长电池的使用寿命呢？

1）误区一：新电池需要几次完全充放电来激活。

不同种类的电池需要不同方法来充电，一定要按产品说明使用。早期的镍镉电池和镍氢电池需要类似的"激活"。这些电池会产生"记忆效应"，在不完全放电的状态下充电，易使电池过度充电，时间长了会影响电池的容量，缩短电池的使用时间。

不过，现在的手机和笔记本电脑上所用的电池，都是锂离子电池。它的初始化过程已在制造时完成，因此开始使用时不需要激活，也不存在"记忆效应"。

2）误区二：减少充电次数，可以延长电池寿命。

一般锂离子电池的寿命可达到几百次充放电循环，这里的充放电循环指将电量正常用光后再充满的过程，而不是插上充电器再拔掉就算1次。锂电池没有记忆效应，可以随时充电，为了减少充电次数而刻意将电池完全用光后再充满，并不能延长电池寿命，反而对电池的寿命有负面影响。

另外，如果手机用到自动关机，锂电池会因为过度放电导致内部电压过低，可能会出现无法开机和充电的情况。因此，锂电池充电讲究"适度"，正常充放电更有助于延长其寿命。

3）误区三：过度充电会引起电池爆炸。

锂电池一般会有安全保护电路及多种安全装置，保证在过度充放电和短路时自动切断电池的电路；电池内部压力过高还会触发排气装置减压；电池温度过高则会触发热熔保护装置，从而停止电池的电化学反应。

因此，除非有质量问题，否则电池不会因为长时间插着充电而发生爆炸。但是，充满电后不拔掉电源，会让电池一直保持满电状态，会加快电池容量的损耗速度。

另外，有传言说手机充电时接电话会引起爆炸。专家表示，这种说法是站不住脚的。充电器内部高压和低压部分最靠近的地方是变压器。变压器是由高压和低压两级线圈组成的，组成线圈的导线表面都涂有绝缘漆，就算是前后两级线圈的表面直接接触也不会短路。即使是人为使充电器内部短路，比如先破坏变压器线圈表面的绝缘漆，再把高压端和低压端接触，220伏的电压直接连到手机里，这时手机的电路将被烧毁，不会有来电，也不能用来打电话了。即使是在这种情况下，只有手机是金属外壳，并且手机内部的电路和它的外壳连通，触碰手机才有可能触电。不合格的充电器、手机电池，可能会因为设计缺陷，散热不好，存在充电过热而爆炸的危险，也确实有类似的事故，但并非由于充电同时通话所致。

如果真的存在这种危险，产品就会设置充电时不接入电话的程序了。不过，从健康角度考虑，电线会限制使用者活动范围，充电时接打电话，可能会让使用者长时间固定在一个地方，造成肌肉过度紧张，因此建议最好还是拔掉电源再通话。另外，充电时电池上面不要覆盖任何东西，也不要放在床上，以免散热不良发生火灾。

6 微波炉

（1）安全性的选择

选择微波炉最重要的是：要能承受频繁使用，并且高温时保持外壳不变形。目前市场的品牌产品在安全性上都符合国家标准。挑选微波炉时，可以用手指按捏门体内每一处。好的微波炉门面硬度好，按捏不动，门体里面四周为防止微波泄漏的"缺氧体橡胶圈"的安放处，一般为黑色，质地坚韧，不松动，按时无声，开关炉门"咔嚓"声清脆，不拖泥带水。低劣的微波炉材质差，门体多为有机塑料，单层密封，手指按捏松动的多，甚至听到"咯吱"声，使用日久微波易泄漏，对人体有很大危害。

（2）微波炉使用注意事项

1）微波炉的确会产生辐射，但一般情况下只要微波炉没有质量问题，泄漏微波的辐射能量不会超过安全限值。不过，在使用时人最好离开微波炉1米以上，或者在微波炉工作时人待在另外一个房间。

2）想知道微波炉加热是否均匀，最简单的办法就是放些黄豆或者花生、虾片之类的东西，将它们撒在微波炉盘子的各个位置上，加热后看看是否同时受热成熟。如果这边的豆子烂了，那边的还生着，这样的微波炉最好就不要再用了。

3）微波炉产品使用年限长了也会老化。噪声会增大，效率降低。这会加大耗电量，也会增加辐射的危险。

（3）微波炉省电小窍门

1）用微波炉加热食物时，可以在食物或碗外面罩上一层保鲜膜。这样不但能使食物中的水分尽量少流失，而且加热时间也会有所缩短，从而达到省电的目的。

2）要加热的食物应均匀排列在托盘上，勿堆成一堆，使食物能均匀被加热。小块食物比大块食物熟得快，最好将食物切成5厘米以下的小块。食品形状越规则，微波加热越均匀，一般情况下，应将食物切成大小适宜、形状均匀的片或块再进行加热。

3）食物本身的温度越高，加热时间就越短。多孔疏松的食物加热所需时间比浓稠致密的食物短。含水量高的食物烹饪时间较含水量低的要短。

4）使用较小容器热菜和热饭时，可在转盘的上面同时放置2~3个容器，这样也可以有效地实现节能。

（4）微波炉的维护与保养

1）微波炉停止使用时，应将炉门稍稍敞开，使炉腔内水蒸气充分散发，有利于腔体的保养。

2）千万不要用微波炉加热密封的食物，例如袋装、瓶装、罐装食品，以及带皮、带壳的食品，如栗子、鸡蛋等，以免爆炸污染或损坏微波炉。

3）不得空载使用微波炉。平时可在炉内预备一杯水(玻璃杯)，使用时拿出，加热完食物后再放入，以免误操作烧坏微波炉。

4）微波炉在使用过程中，应严密关好炉门，防止因炉门变形或损坏而造成微波泄漏。更不能在炉门开启时，试图启动微波炉，对于没有炉门安全联锁开关的微波炉，这是十分危险的。

5）选择烹调时间宁短勿长，以免食物过度加热烧焦甚至起火。

6）日常使用后，马上用湿布将炉门上、炉腔内和玻璃盘上的脏物擦掉，这时最容易擦干净。若没有即时清洁，可在微波炉内放置一点水加热成蒸汽，使污垢软化，再用湿布擦就容易清洁了。

7　灯具

（1）节能灯节能效果如何？

举例来说，60瓦的白炽灯的亮度几乎与13瓦的节能灯一样，所以，节能灯相比于白炽灯可以节省约75%的电量。

（2）节能灯真能省钱吗？

目前销售的60瓦的白炽灯大约2元一只，13瓦的节能灯价格为十几元，虽然价格上白炽灯便宜，可是质量合格的节能灯的平均使用寿命是白炽灯的6倍，再加上它节约的电费，长期看来，节能灯的确可以省钱。就上海来说，根据相关政策，购买节能灯除享受国家补贴外还享受上海市补贴，某些节能灯的实际购买价已接近白炽灯。

（3）节能灯辐射超标？

部分节能灯产生的电磁辐射在近距离(10厘米)测量时的确会稍高于我国《电磁辐射防护规定》中的规定值。但电磁辐射强度随距离的增大会大幅衰减，理论上距灯30厘米处辐射强度仅为10厘米处的九分之一。所以节能灯即使用作台灯和床头灯，正常使用距离下辐射强度完全不会超标，可放心使用。另外，目前科学界还没有任何明显的证据能证明这一类电磁辐射会诱发某一类疾病，各类安全标准都是从"以防万一"的角度制定的，消费者不必过度担心。实际上，由于常用的节能灯功率较小，使用时总会离灯有一定的距离，相关规范中将节能灯列为免于管理的辐射范围。

（4）节能灯破碎后如何处理？

节能灯中含有少量的汞，如果不小心打破，不要立即打扫，先开窗通气并撤出房间，让从灯管中泄漏的汞蒸气在空气中消散，一段时间后再进入房间打扫。

（5）如何购买合格的节能灯？

购买节能灯时，应到正规商店，选购有"三包"承诺的正规产品；选购前检查检验报告和产品标识；选购时要一拧二看。"拧"是指一手握住金属灯头，一手握住塑料壳体，同时用力拧，如果松动脱落，则一定不合格。"看"是看金属灯头与塑料壳体的配合应紧密，铆接点一般应不少于8点，节能灯旋入灯座后，手指应不能触及带电体。购买时应购买有较高能效标识的产品。

（6）LED灯

LED灯是用半导体发光元件制作的灯具，具有节能（同样亮度，功率仅为白炽灯的十分之一左右），寿命长，无污染（节能灯中有少量汞，污染环境）等优点，是极具发展前景的新型灯具。

LED（Light Emitting Diode）——发光二极管，一种固态的半导体器件，可以直接把电能转化为光。

LED灯有以下的优点：

（1）节能：被誉为"绿色照明"，发光效率是白炽灯的8～10倍，荧光灯的2～3倍。

（2）使用寿命长：LED灯泡的寿命理论上可达10万个小时。

（3）环保：

1）LED光的方向性强，利用率高，减少了漫射，也就减少了光的污染；

2）LED光源为半导体材料，不含任何有害物质，因此安全、环保。

（4）色彩丰富：LED光源的颜色几乎可以覆盖整个光谱。

（5）可控性：LED光源响应快，可利用控制电路实现各种控制模式。

LED灯在工程中应用较多，其中比较著名的是"水立方"（见图6-1）。"水立方"的景观照明工程使用了LED灯，预计全年可比传统的荧光灯节电74.5万度，节能达70%以上。

▲ 图6-1 "水立方"中的LED照明

LED照明经济性计算：按照一个灯泡来计算节省的资金。

1）寿命计算

节能灯的寿命一般在1800小时左右，按照每天6小时照明计算，为300天。如果按照一个节能灯平均15元来计算，一盏灯具10年内要换至少10次灯泡。总花费150元。

LED灯泡的寿命按照保守的时间来计算，十年内也不用更换灯泡，每个灯泡以5瓦的功率就可以取代15瓦的节能灯泡，每个灯泡价格在70元。总花费70元。

在灯泡方面节省80元。

2）耗电计算

节能灯：15瓦×6小时×365天×0.6元/1000=19.71元／年。

LED灯：5瓦×6小时×365天×0.6元/1000=6.57元／年。

每年一个灯泡节约13.14元。

3）十年的成本计算（由于价格和电费可能会波动，此项计算仅供参考）

节能灯：10个灯泡+10年电费=150+19.71×10=347.1元。

LED灯：1个灯泡+10年电费=70+6.57×10=135.7元。

因此，同样使用十年，一盏灯具使用LED灯大约比使用节能灯节省超过接近一半的成本。

8　电吹风

（1）功率越大越好？

市面上电吹风功率从600瓦到2000瓦不等，选购时并不是功率越大越好。功率较大的电吹风能快速吹干头发，但对于一些老式建筑来说，大功率电器容易引起电线起火，存在较大的安全隐患。功率较大的电吹风还存在噪声污染的问题。家庭使用时最好选用1000～1500瓦左右的电吹风。

（2）电吹风是高辐射杀手？

谣言：家用电吹风竟然是个高辐射的杀手。连续三次使用家用电吹风的辐射累积量等于医院照一次X光的辐射量。

真相：电吹风产生的电磁辐射主要集中在50赫兹频段，目前没有证据表明该频段电磁辐射对人体健康有影响。X光辐射能电离分子内的化学键，对人体危害较大。电吹风产生的电磁辐射和X光没有可比性，更不能根据辐射量进行等效。与手机、微波炉和电脑产生的辐射（0.8~2GHZ）相比，电吹风辐射影响也较小，相关规范中对该频段的辐射允许限值是手机、微波炉和电脑辐射限值的一百多倍。可见，电吹风产生的辐射总量虽大，但潜在的危害并没有谣言中的大。购买时要选用合格的电吹风，注意使用时的用电安全问题。

（3）小孩和孕妇不宜使用电吹风？

小孩和孕妇的确不宜使用电吹风，并不是因为所谓的"辐射"问题，主要原因是小孩抵抗力弱，使用电吹风加速汗液蒸发，反而容易引起感冒，孕妇不宜使用主要是考虑到电吹风产生的噪声问题。

9 新电器展望

（1）分布式能源系统发展催生直流电器

所谓"分布式能源"是指分布在用户端的能源综合利用系统，如分布式光伏发电系统、微型燃气轮机热电冷联供系统等。与既有的电网输电相比，分布式能源系统的电能发生端与使用端距离更近，因此不需要将直流电通过逆变器转化为交流电以减少输送损失。随着分布式能源系统的发展，住宅将有越来越多的直流电资源可以利用，而目前市场上的大多数电器都基于交流电，即使有些电器实际使用的是直流电，也要经过"电厂直流电—输送交流电—用电器直流电"的转换过程。因此，设计直接使用直流电的直流电器用以配合分布式能源系统的发展是未来电器的发展方向之一。

（2）一机多能的热泵家庭能源中心

目前家庭住宅的冬季供暖、夏季空调和生活热水分别由独立的系统解决，实际上无论供暖、制冷还是热水本质上都是对热量和冷量的需求，因此利用可以双向运行的热泵机组可以有效解决家庭在这方面的需求。典型的热泵家庭能源中心由热泵冷热水机组、室内换热末端以及生活热水水箱组成，配合管道部件组成能源系统。热泵家庭能源中心应该具有制冷模式、制热模式、制取生活热水模式、制冷+制取生活热水模式、制热+制取生活热水模式等多个运行模式，以满足消费者的不同需求。

可以预见，利用热泵的一机多能构建的热泵家庭能源中心在不久的将来一定可以在家用电器市场上占有一定的份额。

（3）"热电池"走进千家万户

所谓"热电池"就是指能像电池储存电一样储存热的装置。之所以认为"热电池"会走进千家万户也是与分布式能源系统的发展息息相关的。产热与用热的不匹配是分布式能源系统中较大的问题。以太阳能集热系统为例，当太阳辐射条件好的时候，集热效率高，但用户不一定需要用热，这种情况下可以将系统收集到的热储存在"热电池"中；而当用户需要用热时，再将"热电池"中的热释放出来，供用户使用。

当前较为成熟的蓄热技术仍旧停留在利用显热蓄热的阶段，而随着相变蓄热、吸附蓄热、化学反应蓄热技术的发展，具有高蓄热密度、稳定品位温度输出的新型"热电池"必将伴随着分布式能源系统的发展最终走进千家万户。

掌握核心科技

格力**全能王**变频

双级压缩技术，-30℃至54℃超强制冷热
6项顶级配置，超越空调巅峰

全能　前所未见

双级压缩技术
-30℃至54℃超强制冷热

6项顶级配置
大运动降风机构　1档蓝变频技术
独立双向热泵　18分仪器静音
4d柔雅风试　霜霜除PM2.5

服务热线 **4008-365-315**

格力1赫兹，好变频　[搜索]

好空调·格力造
www.gree.com

GREE 格力
[格力中央空调]
系统解决
一步到位

格力家用中央空调
总有一款让你怦然心动

随着住房条件的不断提高，重视生活品质的您对室内装潢设计、配套设施的要求也不断升级。曾经，只出现在高级酒店和豪华别墅的中央空调，现正走进普通家庭，越来越多的公寓房都安装了中央空调。家用中央空调取代传统的分体式家用空调，已经成为未来家用空调消费的趋势。

格力家用中央空调产品线齐全，拥有七大系列几百个型号的产品，型式丰富多样，适合各种户型、复式、别墅等户型，搭配灵活变化万千，总有适合您和家人的一款。

多联机系列

Free直流变频多联空调机组
制冷量范围：5~12KW
适用面积：30~130m²

GPd直流变频多联空调机组
制冷量范围：10~28KW
适用面积：50~240m²

GPd[V]直流变频多联空调热水机组
制冷量范围：10~28KW
适用面积：50~240m²

户式机系列
H系列户式风冷冷热水空调机组
制冷量范围：8~45KW
适用面积：70~400m²

注：多联机有多款室内机可选：天井机（单面出风、四面出风）、B系列风管室内机、E系列风管室内机、隐蔽风管室内机、壁挂机。

风管机系列
B1系列超薄风管送风式空调机组
制冷量范围：2.6~6.5KW
适用面积：15~40m²

分体暗藏风管送风式空调机组
制冷量范围：2.6~7.2KW
适用面积：15~60m²

E系列风管送风式空调机组
制冷量范围：2.6~14KW
适用面积：15~80m²

Hisense

留住营养　自然健康
——海信博纳风冷变频冰箱

360° 矢量变频控制技术 让变频更精准

专利360°矢量变频控制技术，让风冷科技不只无需这么简单，一瞬间制冷，快——至动至静，无级调速，精准定格预设温度，自然更健康。变频保鲜三部曲，让食物瞬间进入定格保鲜状态，留住营养，自然更健康。

海信智能无霜科技 不仅无霜 更懂健康

海信冰箱，拒绝传统无霜冰箱风干食物的代价，特有智能无霜技术，采用优化风道设计，结合SPA活水保鲜系统，让风冷冰箱在无霜的基础上，更加水润健康。

独立双循环技术 让食物活出自己的"味"

双侧冷双循环系统，单独控制各间室冷量、湿度、温度，犹如两台独立的冷藏、冷冻，制冷更快，控温更精准，有效降低能耗及冷量流失。食物在各自区域得到最佳保鲜条件，满足您对食物的独特所需。

活得不一样